オープンソースで作る！

RPA（アールピーエー）システム 開発入門

設計・開発から構築・運用まで

株式会社完全自動化研究所　小佐井 宏之　著

本書内容に関するお問い合わせについて

このたびは翔泳社の書籍をお買い上げいただき、誠にありがとうございます。
弊社では、読者の皆様からのお問い合わせに適切に対応させていただくため、以下のガイドラインへのご協力をお願い致しております。
下記項目をお読みいただき、手順に従ってお問い合わせください。

●ご質問される前に

弊社Webサイトの「正誤表」をご参照ください。これまでに判明した正誤や追加情報を掲載しています。

　　正誤表　https://www.shoeisha.co.jp/book/errata/

●ご質問方法

本書では著者のサイトで質問を受け付けています。技術的な質問はまずそちらでお問い合わせください。

　　技術的な質問　http://marukentokyo.jp/book_rpasystem/

その他のご質問などは弊社 Web サイトの「刊行物Q&A」をご利用ください。

　　刊行物 Q&A　https://www.shoeisha.co.jp/book/qa/

インターネットをご利用でない場合は、FAXまたは郵便にて、下記翔泳社愛読者サービスセンターまでお問い合わせください。電話でのご質問は、お受けしておりません。

●回答について

回答は、ご質問いただいた手段によってご返事申し上げます。ご質問の内容によっては、回答に数日ないしはそれ以上の期間を要する場合があります。

●ご質問に際してのご注意

本書の対象を越えるもの、記述個所を特定されないもの、また読者固有の環境に起因するご質問等にはお答えできませんので、予めご了承ください。

●郵便物送付先およびFAX番号

　　送付先住所　〒160-0006　東京都新宿区舟町5
　　FAX 番号　　03-5362-3818
　　宛先　　　　㈱翔泳社 愛読者サービスセンター

※本書に記載されたURL等は予告なく変更される場合があります。
※本書の対象に関する詳細はivページをご参照ください。
※本書の出版にあたっては正確な記述につとめましたが、著者や出版社などのいずれも、本書の内容に対してなんらかの保証をするものではなく、内容やサンプルに基づくいかなる運用結果に関してもいっさいの責任を負いません。
※本書に掲載されているサンプルプログラムやスクリプト、および実行結果を記した画面イメージなどは、特定の設定に基づいた環境にて再現される一例です。
※本書に記載されている会社名、製品名はそれぞれ各社の商標および登録商標です。
※本書の内容は、2018年11月執筆時点のものです。

PREFACE　はじめに

「数百万円の投資から始められる」

　筆者が読んだとあるRPA関連書籍の帯に書いてありました。このようなキャッチを見て「おぉっ！RPAって安い！」と思う方は大企業の人だけです。日本企業の99.7％を占める中小企業は、ほぼあきらめモードに入る金額ではないでしょうか？

　本書を執筆している2018年現在、RPAは「ブーム」と言ってよいほど注目されており、大企業や金融機関での成功事例をよく目にします。

　その一方で、筆者は、RPAにさせる業務選定の段階で費用対効果が見込めそうになくてあきらめたり、RPAブームに乗ろうと雨後の竹の子のように出てくるツールの比較（実はその中身は数種類のRPAツールのOEM商品）に何ヶ月も頭を悩ませたり、POC（Proof of Concept：概念実証）としてRPAツールを無償で借りたものの期限までにまったく使えなかったりする中小企業のケースを見たことがあります。

　予算、業務分析ノウハウ、人の余裕がない中小企業は、RPAブームから置いてきぼりを食っているのが現状なのです。

　このような現状を受け、本書では中小企業の社内SEの方に向けて、無料でホワイトカラー業務の完全自動化を実現する方法を解説することにしました。

　筆者がRPAを知ったのは2016年。実務に活かせるように試行錯誤を重ね、運用を始めました。そこから、実際に2年近く稼働しています。その実績から得たノウハウ（失敗も含め）を、業務分析から開発・運用まで紹介し、解説しました。

　もう、費用対効果分析もツール比較もPOCも必要ありません。ぜひ本書を参考にして、すぐに業務の完全自動化を始めてください。

2018年11月吉日
株式会社完全自動化研究所
代表取締役　小佐井　宏之

INTRODUCTION 本書の対象読者と必要な事前知識

　本書は、RPAシステムの導入や開発を検討しているシステムエンジニアの方に向けて、業務自動化システムの開発手法についてSikuliXを軸に解説した書籍です。本書を読むにあたり、次のような知識がある方を前提としています。

- Linuxをなどを利用したシステム開発の基礎知識
- ネットワークの基礎知識
- MySQLやAccessなどのデータベースの基礎知識
- VBAの基礎知識
- SQLの基礎知識

INTRODUCTION 本書の構成

　本書は、2部構成で解説しています。
　Part1では完全自動化のベースとなるRPAシステムの構築方法を解説します。
　Part2では、架空の企業を例にして、実務に生かせる具体的な例題を見てゆきます。この架空の企業は全国に約200の店舗をチェーン展開している雑貨の小売企業で、会社の名前は「株式会社ZAKKAインターナショナル」（以下ZAKKA社）とします。この小売企業が抱えている問題は、製造業でも卸業でも（意外なことにIT企業でも）、大きな違いはありませんので、自社に置き換えながら読んでください。

本書のサンプルの動作環境とサンプルプログラムについて

本書の各章のサンプルは 表1 の環境で、問題なく動作することを確認しています。なお、本書ではWindowsの環境を元に解説しています。

表1 サンプルの動作環境

OS・ソフトウェア	バージョン	説明
Windows 10 Pro	64ビット版	ホストマシン
SikuliX	1.1.1	GUIオートメーション（RPA）
Pentaho（Spoon）	6.0	ETLツール
MySQL	5.7.24	データベース
VMware Workstation	14.1.1	仮想化ソフトウェア
GNOME Desktop	3.22.2	デスクトップ環境
CentOS Linux	7.4.1708	Linuxディストリビューション
Tera Term	4.98	ターミナルエミュレーター
Hinemos manager	6.0.0	ジョブ運用監視ツール
Hinemos web client	6.0.0	ジョブ運用監視ツール
Hinemos agent	6.0.2	ジョブ運用監視ツール
myRobo	1.0.0.0	ファイル監視・ナビ
Java	1.8.0_111-b14	Java API

> **ATTENTION**
>
> ## Chapter4〜10のサンプルについて
>
> 　Chapter4〜10のサンプルについては、誌面の都合上、開発の詳細部分まで本書で取り上げることはできませんので、本書の付属データ「サンプルプログラム変更のポイント.pdf」を参考にして、お手元のパソコンで実行し、その動きを確認してください。
>
> 　サンプルプログラム変更のポイント.pdfは、付属データのダウンロードサイトでダウンロードできます。

● 付属データのご案内

　付属データ（本書記載のサンプルコード）は、以下のサイトからダウンロードできます。

- **付属データのダウンロードサイト**
  URL　https://www.shoeisha.co.jp/book/download/9784798152394

● 注意

　付属データに関する権利は著者および株式会社翔泳社が所有しています。許可なく配布したり、Webサイトに転載したりすることはできません。

　付属データの提供は予告なく終了することがあります。あらかじめご了承ください。

● 会員特典データのご案内

　会員特典データは、以下のサイトからダウンロードして入手いただけます。

- **会員特典データのダウンロードサイト**
  URL　https://www.shoeisha.co.jp/book/present/9784798152394

● 注意

　会員特典データをダウンロードするには、SHOEISHA iD（翔泳社が運営する無料の会員制度）への会員登録が必要です。詳しくは、Webサイトをご覧ください。

　会員特典データに関する権利は著者および株式会社翔泳社が所有しています。許可なく配布したり、Webサイトに転載したりすることはできません。

　会員特典データの提供は予告なく終了することがあります。あらかじめご了承ください。

● 免責事項

　付属データおよび会員特典データの記載内容は、2018年11月現在の法令等に基づいています。

　付属データおよび会員特典データに記載されたURL等は予告なく変更される場合があります。

　付属データおよび会員特典データの提供にあたっては正確な記述につとめましたが、著者や出版社などのいずれも、その内容に対してなんらかの保証をするも

のではなく、内容やサンプルに基づくいかなる運用結果に関してもいっさいの責任を負いません。

　付属データおよび会員特典データに記載されている会社名、製品名はそれぞれ各社の商標および登録商標です。

◉ 著作権等について

　付属データおよび会員特典データの著作権は、著者および株式会社翔泳社が所有しています。個人で使用する以外に利用することはできません。許可なくネットワークを通じて配布を行うこともできません。個人的に使用する場合は、ソースコードの改変や流用は自由です。商用利用に関しては、株式会社翔泳社へご一報ください。

2018年11月
株式会社翔泳社　編集部

CONTENTS

はじめに ... iii

本書の対象読者と必要な事前知識 ... iv

本書の構成 ... iv

本書のサンプルの動作環境と
サンプルプログラムについて ... v

Part 1 RPAシステム開発の基本

Chapter 1 業務で求められているRPAとは ... 003

1.1 RPAとは ... 004

1.2 RPAが求められる理由 ... 005
- **1.2.1** 人員不足と働き方改革 ... 005
- **1.2.2** システムの乱立とつなぎ業務 ... 006
- **1.2.3** 製造業の成功 ... 006

1.3 RPAツールのタイプ ... 007
- **1.3.1** 実行環境のタイプ ... 007
- **1.3.2** 認識のタイプ ... 008

1.4 RPAツール一覧 ... 009
- **1.4.1** Blue Prism ... 009
- **1.4.2** Kofax Kapow ... 010
- **1.4.3** BizRobo!／BasicRobo ... 010
- **1.4.4** SynchRoid ... 011
- **1.4.5** Automation Anywhere Enterprise ... 011
- **1.4.6** UiPath ... 012
- **1.4.7** Verint Robotic Process Automation/Verint Process Assistant ... 012
- **1.4.8** Autoブラウザ名人／Autoメール名人 ... 013
- **1.4.9** WinActor/WinDirector ... 013
- **1.4.10** NICE APA（Advanced Process Automation）シリーズ ... 014
- **1.4.11** Pega Robotic Process Automation/Pega Robotic Desktop Automation/Pega Workforce Intelligence ... 014
- **1.4.12** ロボ・オペレータ ... 015

1.4.13 ipaS ... 015
1.4.14 Robo-Pat ... 016
1.4.15 SikuliX ... 016

1.5 RPAの落とし穴 ... 017
1.5.1 落とし穴1：活用できない ... 017
1.5.2 落とし穴2：混乱する ... 019
1.5.3 落とし穴3：意外に高額である ... 020

Chapter 2 完全自動化の概念とインフラの設計 021

2.1 完全自動化とは ... 022
2.1.1 部分自動化と完全自動化の違い ... 022
2.1.2 完全自動化の目的 ... 023
2.1.3 費用対効果の考え方 ... 026

2.2 完全自動化の体系 ... 027
2.2.1 ホワイトカラー業務は「工場」の体系で考える ... 027
2.2.2 完全自動化の満たすべき機能 ... 029

2.3 導入前の要件定義 ... 031
2.3.1 現状把握（全体） ... 031
2.3.2 現状把握（個別案件） ... 033
2.3.3 個別案件の要件定義 ... 034

2.4 必要なインフラ技術 ... 037
2.4.1 完全自動化に必要な機能 ... 037

2.5 設計・開発 ... 039
2.5.1 DAF設計 ... 039
2.5.2 DAF開発 ... 041

2.6 チームとその活動 ... 042
2.6.1 チームと役割 ... 042
2.6.2 チームの成長パターン ... 043
2.6.3 開発者のスキル ... 045
2.6.4 進捗管理とプロジェクト運用 ... 045

2.7 運用方法 ... 047
2.7.1 運用者向け運用マニュアル ... 047

2.7.2 サービスレベル ... 048

Chapter 3　RPAシステムのインストールと設定　049

3.1 RPAシステムとは ... 050
3.1.1 RPAシステムの位置付け ... 050
3.1.2 他のRPAとの比較 ... 051
3.1.3 RPAシステムの構成 ... 052

3.2 RPAシステムを構成するソフトウェアと設定 ... 053
3.2.1 SikuliX ... 053
3.2.2 Pentaho ... 054
3.2.3 ETLの基本的な機能 ... 055
3.2.4 MySQL ... 056
3.2.5 Hinemos ... 056

3.3 RPAのインストールと設定 ... 059
3.3.1 前提条件 ... 059
3.3.2 ダウンロード ... 060
3.3.3 インストール ... 060
3.3.4 簡単なロボットを作る ... 063
3.3.5 本格的なロボットを作る ... 065

3.4 データベースのインストールと設定 ... 075
3.4.1 ダウンロード ... 075
3.4.2 インストールと設定 ... 077

3.5 ETLのインストールと設定 ... 088
3.5.1 前提条件 ... 088
3.5.2 ダウンロード ... 088
3.5.3 インストール ... 088
3.5.4 起動 ... 089
3.5.5 ETL操作を試そう ... 090

3.6 運用管理のインストールと設定 ... 106
3.6.1 Hinemos Managerのインストール ... 106
3.6.2 Hinemosマネージャのセットアップ ... 131
3.6.3 Hinemos Webクライアントのセットアップ ... 138
3.6.4 Hinemos Agentをインストールする ... 140

3.6.5 Hinemosを使ってみる ... 146
3.6.6 ジョブ管理ツールからジョブを実行する ... 148
3.7 RPAシステムのハードウェア環境 ... 155
3.7.1 RPAシステムの構成 ... 155

Chapter 4　簡単なRPAシステムを構築する　157

4.1 RPA端末の環境設定 ... 158
4.1.1 運用管理ツールからのRPA操作方法 ... 158
4.1.2 RPA端末のフォルダ構成 ... 160
4.1.3 myRobo.exeを常駐させる ... 160
4.1.4 共通バッチファイルの仕様 ... 162
4.2 運用管理からのETL起動および成否確認 ... 169
4.2.1 自動化サーバーのフォルダ構成 ... 170
4.2.2 ジョブのフロー ... 170
4.3 日付設定の共通化 ... 173
4.3.1 日付設定を共通化する仕組み ... 173
4.3.2 メール配信の共通化 ... 176
4.3.3 メール配信共通部の仕様 ... 179
4.4 基本的なRPAシステムを動かしてみる ... 181
4.4.1 前提を確認する ... 181
4.4.2 設計 ... 181
4.4.3 SikuliXを開発 ... 184
4.4.4 Pentahoを開発 ... 185
4.4.5 RPAシステムを動かす ... 189

Chapter 5　RPAシステムを運用する　195

5.1 RPAシステム自動実行設定の実際 ... 196
5.1.1 ジョブ設定［実行契機］ ... 196
5.1.2 カレンダ設定とカレンダパターン ... 197
5.1.3 スケジュール予定の確認 ... 198
5.2 RPAシステム運用管理の実際 ... 199

- **5.2.1** ジョブのスキップ ... 199
- **5.2.2** ジョブの保留 ... 200
- **5.2.3** 通知機能 ... 200
- **5.2.4** RPAシステムのバックアップ・リカバリ ... 203

5.3 変更修正への対応 ... 205

Part 2 実務直結自動化システム開発

Chapter 6 営業日報作成配信業務の自動化 ... 209

6.1 自動化する案件 ... 210

6.2 要件定義 ... 211
- **6.2.1** 現状把握（全体） ... 211
- **6.2.2** 現状把握（個別案件） ... 212

6.3 自動化フロー ... 216

6.4 インフラ環境構築 ... 218

6.5 設計 ... 219

6.6 開発 ... 221
- **6.6.1** 材料投入DAFの開発 ... 221
- **6.6.2** 製造と出荷DAFの開発 ... 225
- **6.6.3** Hinemosの設定 ... 229
- **6.6.4** テスト ... 229
- **6.6.5** 仮運用 ... 230

6.7 運用 ... 231
- **6.7.1** 日常運用 ... 231
- **6.7.2** 月初運用 ... 231

Chapter 7 EC受注レポート作成配信業務の自動化 ... 233

7.1 自動化する案件 ... 234

7.2 要件定義 ... 235
- **7.2.1** 現状把握（全体） ... 235
- **7.2.2** 現状把握（個別案件） ... 236
- **7.2.3** 個別案件の要件定義 ... 240

7.3 自動化フロー ... 242

7.4 インフラ環境構築 ... 244

7.5 設計 ... 245

7.6 開発 ... 247
- **7.6.1** 材料投入DAFの開発 ... 247
- **7.6.2** 製造と出荷DAFの開発 ... 250
- **7.6.3** テストと仮運用 ... 253

7.7 運用 ... 255

Chapter 8　定番商品補充表作成の自動化　257

8.1 自動化する案件 ... 258

8.2 要件定義 ... 259
- **8.2.1** 現状把握（全体） ... 259
- **8.2.2** 現状把握（個別案件） ... 260

8.3 自動化フロー ... 265

8.4 インフラ環境構築 ... 266

8.5 設計 ... 267

8.6 開発 ... 269
- **8.6.1** 材料投入DAFの開発 ... 269
- **8.6.2** 製造と出荷DAFの開発 ... 272

8.7 運用 ... 278

Chapter 9　情報システム部門マスタ登録業務の自動化　281

9.1 自動化する案件 ... 282
- **9.1.1** 現状把握 ... 282

9.2 自動化フロー ... 284

9.3 インフラ環境構築 ... 287

9.4 設計 288

9.5 開発 290
 9.5.1 材料整形 DAF 294
 9.5.2 Hinemos の設定 294

9.6 運用 296

Chapter 10　システム間連携業務の自動化　299

10.1 自動化する案件 300

10.2 要件定義 301
 10.2.1 現状把握（全体）.. 301
 10.2.2 現状把握（個別案件）................................. 302

10.3 自動化フロー 304

10.4 インフラ環境構築 306

10.5 設計 307
 10.5.1 概要設計 307
 10.5.2 材料投入 DAF 308
 10.5.3 加工 DAF 310
 10.5.4 出荷 DAF 311
 10.5.5 DAF チェーン設計 312

10.6 開発 313
 10.6.1 材料投入 DAF の開発 313
 10.6.2 加工 DAF の開発 315
 10.6.3 出荷 DAF の開発 317
 10.6.4 Hinemos 設定 318
 10.6.5 テスト・仮運用 319

10.7 運用 320

INDEX 323

PROFILE 329

Part 1
RPAシステム開発の基本

本書はあなたが業務を完全自動化し運用できるようになることを目指しています。
Part 1では完全自動化のベースとなるRPAシステムの構築方法を解説します。

- Chapter 1　業務で求められているRPAとは
- Chapter 2　完全自動化の概念とインフラの設計
- Chapter 3　RPAシステムのインストールと設定
- Chapter 4　簡単なRPAシステムを構築する
- Chapter 5　RPAシステムを運用する

CHAPTER 1 業務で求められている RPAとは

完全自動化のベースとなるRPAシステム構築の解説に入る前に、まずRPAについての基本的な知識について解説します。

1.1 RPAとは

今や「RPA」というワードを目にしない日がないくらいですが、RPAとはいったい何なのでしょうか？

RPAとはRobotic Process Automation（ロボティック・プロセス・オートメーション）の頭文字をとったもので、定型的なパソコン作業をソフトウェアのロボットに代行させて自動化を図るという概念です（表1.1）。

表1.1 RPAの導入例

企業名	導入内容
三菱東京UFJ	保険申込内容の照会などに採用。最長6年で2000業務に広げる計画
日本生命	住所変更や契約内容紹介など54業務
農林中央金庫	証券会社が提供する500社以上の株式情報を収集・登録する業務など
テレビ朝日	主催イベントのチケット販売データを集計する業務など
住友林業	注文住宅の資料請求の受付や販売データの集計など221業務
リコー	販売子会社で17年度末までに販売、人事など65業務で導入。415業務に広げる計画

日本企業のホワイトカラー業務の6割は定型化でき、そのうち8割をRPAで代替できるとされます[1]。

※1 2018年3月11日の日経新聞を参照しています。

1.2 RPAが求められる理由

なぜ昨今、ここまでRPAが求められるのでしょうか？ 筆者は大きく3つの理由があると考えます。

1.2.1 人員不足と働き方改革

労働力の中核となる15歳以上65歳未満の将来推計人口は2000年以降、減少傾向が続いていることがわかっています（ 図1.1 ）。現在、すでに問題となっている人員不足は今後ますます企業を悩ます問題となってくることが明白であるため、業務の自動化が求められています。

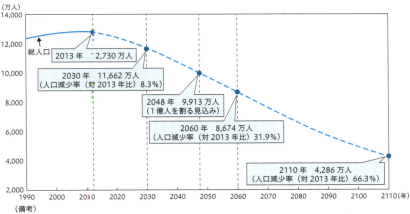

図1.1 日本の将来推計人口

出典　内閣府「人口・経済・地域社会の将来像」
URL　http://www5.cao.go.jp/keizai-shimon/kaigi/special/future/sentaku/s2_1.html

1.2.2　システムの乱立とつなぎ業務

　クラウドシステムやパッケージシステムの進歩により、短い工数で安価にシステム導入することが可能になっています。この流れを受けて、ホワイトカラー業務のシステム化が進む一方で、多くのシステムが乱立し、「システム間を従業員が手作業でつなぐ」という新たな業務が発生しています。

　また、汎用的に設計されているクラウドシステムやパッケージシステムは、会社独自の業務とのギャップが大きいため、従業員がそのギャップを埋めています。

　「システム間のつなぎ」を行い、「システムと業務のギャップを埋める」ことができるRPAへのニーズが高まっています。

1.2.3　製造業の成功

　日本の製造業では古くから、生産性改善の工夫を続け成果を挙げてきました。完全にロボット化されたFA（Factory Automation）についても最先端の技術を持っていると言われています。

　そのため、製造業と同様に「ホワイトカラー業務においても生産性改善ができるのでは」と考える経営者も多く出てきました。RPAはFAのホワイトカラー版として期待されています。

1.3 RPAツールのタイプ

RPAという「概念」を実現する道具として、多くの「RPAツール」が登場しています。RPAツールはいくつかのタイプに分けられます。

1.3.1 実行環境のタイプ

● サーバー型

ロボットのプログラムはサーバー側に設定し、サーバーからの命令でクライアント側のPCを操作します。そのため、中央で稼働スケジュールや運用監視を一元管理することができます。組織的な完全自動化に向いており、海外の企業で採用されることが多いタイプです。そのため、海外メーカー製が多いのが特徴です。日本でも大企業に向いていると言えるでしょう。

デスクトップ型RPAに比べ高価で、サブスクリプション契約の場合、年額500万円以上のものが多いです。

● デスクトップ型

ロボットはクライアントPCにインストールされ、デスクトップ上で動作します。インストール後すぐに自動化の効果を得られるという利点があります。

基本的にロボットを人間のオペレーションによって起動する点もサーバー型と違います(バッチをタスクマネージャに設定して自動起動させることもできます)。また、実行中に、ダイアログの選択やファイルの指定といった人間の判断や処理を介在させることができるため、実務者の業務をサポートする半自動のロボットを作成することもできます。

サーバー型に比べ安価で、サブスクリプション契約の場合、年額100万円程度のものが多いです。

1.3.2　認識のタイプ

● 座標指定

　操作対象画面を表示して、入力欄や検索ボタンの位置を人間がマウスでクリックすると、2次元の座標データを記録する方式です。ロボットの実行時に座標データを呼び出してボタンなどの位置を認識させて動作します。

　座標指定の方式は、操作対象画面の大きさや表示位置が変わると誤作動するという課題があります。このため、他の認識技術も組み合わせて、この課題を克服しようと試みています。

● 画像認識

　操作対象を画像データとしてキャプチャーし、RPAの開発画面に登録する方式です。ロボットの実行時に画像データを呼び出し、画面上の画像と照合して対象を特定した後、入力やクリックなどの操作を行います。座標指定方式と違い、ボタンの位置が変わっても画像が同じであれば、修正せずに対応できる利点があります。

● 画像要素認識

　入力欄やボタンといった画面の要素をHTMLファイルやアプリケーションそのものから読み取って記録する方式です。「UIオブジェクト認識」と呼ばれることもあります。見た目ではなく、HTML等の内部構造を解析して実行されますので、画面レイアウトや見た目が変わっても、HTMLファイルやアプリケーションの構成要素が変わらなければ、問題なく動作します。

1.4 RPAツール一覧

RPAツールを一覧形式で紹介します。機能や費用感をつかみ、これからあなたが構築するRPAシステムをイメージしてください。

様々な特徴を持ったRPAツールが登場しています。高額で高性能なRPAから、無料のオープンソースRPAまで幅広く紹介します（2018年11月現在の情報です）。

1.4.1 Blue Prism

表1.2 Blue Prism

提供元	英Blue Prism					
動作環境	サーバー					
認識方式	座標指定	○	画像認識	○	画像要素認識	○
概要	2001年に設立された英Blue PrismはRPAツールの老舗的存在。2017年に東京に進出している。エンタープライズ向けの大規模ロボット集中管理ができるサーバー型RPA。RPAを導入するための確固とした管理基盤を構築した上でソフトウェアロボットを展開することを原則としている。 ロードバランシングや暗号化、監視等の機能を備え、堅牢で高いスケーラビリティ、セキュリティ、信頼性を念頭に設計されている。 ロボットの開発手順はWebサイトやアプリごとに操作用ソフト部品や、一連の処理をフローチャート形式で設定していく。専用の管理サーバーがロボットをVDI（仮想デスクトップ基盤）上に配置して動かす。画像認識ではOCRを使って、画面上の文字をフォントも含めて識別できる。ロボットが入力した文字列など詳細なロボットの動作ログを自動収集できる。					
価格	1200万円（10ロボット）〜					

1.4.2 Kofax Kapow

表1.3 Kofax Kapow

提供元	Kofax Japan					
動作環境	サーバー、PC					
認識方式	画面要素認識	◯	画像認識	◯	座標指定	◯
概要	「自立型全自動ロボット」を志向し、業務の開始されるきっかけを自動で認識し、設定された処理を実行してゆく。複雑な分岐やループも高速に処理できる。 デスクトップ型RPAも構築できるが、サーバー実行型の場合、自動化対象のアプリケーションを起動させなくても操作が可能である。デスクトップ型RPAは、アプリケーションを必ず起動させなくてはならないので、サーバー実行型にすると起動時間や描画時間を減らすことができ、高速処理につながる。 ロボットの開発手順は、DesignStudioという開発環境上で、PC操作をアクション選択しながら設定してゆく。開発したロボットは基本的にサーバー上の「ManagementConsole」に登録し、サーバー上で稼働させる。 画像認識ではOCRを使って画面上の文字を識別できる。KofaxはRPA製品をリリースする前からOCR市場でトップクラスの実績を持つ。BPMソフトも別途提供する。					
価格	1200万円〜					

1.4.3 BizRobo! ／ BasicRobo

表1.4 BizRobo! ／ BasicRobo

提供元	RPAテクノロジーズ					
動作環境	サーバー、PC					
認識方式	画面要素認識	◯	画像認識	◯	座標指定	◯
概要	BizRobo! は定型業務を自動化するロボットのレンタルや、決まった動作をするロボットの提供といった様々なサービスからなるRPAソリューション。BasicRoboは、国内での導入実績が豊富である。2018年11月より中小規模向けのスモールスタートRPAソリューション「BizRobo! mini」を提供開始。					
価格	・ BizRobo!　月額60万円〜 ・ BizRobo! mini　年額90万円（目安価格）					

1.4.4 SynchRoid

表1.5 SynchRoid

提供元	ソフトバンク
動作環境	サーバー、PC
認識方式	画面要素認識 ○ 画像認識 ○ 座標指定 ○
概要	OCR連携、Pepper連携などの特色がある、ソフトバンクのRPAソリューション。
価格	・ベーシックパック（1ライセンス、10人同時アクセス）60万円／月 ・ライトパック　1ライセンス　90万円／年

1.4.5 Automation Anywhere Enterprise

表1.6 Automation Anywhere Enterprise

提供元	米オートメーション・エニウェア
動作環境	サーバー
認識方式	画面要素認識 ○ 画像認識 ○ 座標指定 ○
概要	ソフトウェア開発におけるテスト自動化ツールから発展した商品。Blue Prismと同様、サーバー型のRPAであり、エンタープライズ分野での導入事例が多い。手順は、オペレーションの記録を行う形式による設定に加えて、あらかじめ用意された約500種類のコマンドによる設定も可能。管理用ソフトでワークフローを設定すると、複数のロボットを連携させて動かせる。 機械学習と自然言語処理技術を使ったIQBotというボットを利用して作業を自動化できる、という特徴を持つ。
価格	500万円程度〜

1.4.6 UiPath

表1.7 UiPath

提供元	UiPath					
動作環境	サーバー、PC					
認識方式	画面要素認識	○	画像認識	○	座標指定	ー
概要	デスクトップ型RPAとして、クライアントPCにインストールして動作する。オーケストレーターというロボット集中管理の製品と組み合わせるとサーバー型の集中管理も可能。 定型業務を自動化するサーバーで動くロボットに加え、ユーザーの業務手順を示すなどをして、業務支援するデスクトップ型RPAを開発できる。手順は録画方式とコマンドによる設定も可能。画像認識では、操作画面の要素を分析して関連付けるコンピュータビジョン機能やOCRを使って識別する機能もある。開発環境では、直観的なワークフローにより、開発者の作業効率を向上させやすい。					
価格	200万円程度〜　スモールスタートから大規模運用まで拡張可能					

1.4.7 Verint Robotic Process Automation/Verint Process Assistant

表1.8 Verint Robotic Process Automation/Verint Process Assistant

提供元	ベリントシステムズジャパン					
動作環境	サーバー、PC					
認識方式	画面要素認識	○	画像認識	○	座標指定	○
概要	定型業務を自動化するロボットに加え、ユーザーの業務支援をするロボットを開発できる。画像認識ではニューラルネットワークなどをもとにした視覚認識アルゴリズムと呼ぶ独自のAI技術を使う。ユーザーのPC作業をモニタリングして自動化可能な業務を分析するツールや、クラウド上で動くロボットのレンタルサービスも別途提供する。					
価格	開発環境が220万円、ロボット1台が290万円					

1.4.8 Auto ブラウザ名人／Auto メール名人

表1.9 Auto ブラウザ名人／Auto メール名人

提供元	ユーザックシステム					
動作環境	サーバー、PC					
認識方式	画面要素認識	○	画像認識	―	座標指定	○
概要	ユーザックシステムは、基幹システムと連携するパッケージソフト「名人シリーズ」を30年以上にわたって提供している。RPAが知られる以前から定型業務の自動化を提供してきた実績と使いやすさに加えて、価格面での導入しやすさが評価されている。 「Auto ブラウザ名人」は、Webアプリに加え、Windowsアプリを操作し、定型業務を自動化するロボットを開発できる。「Auto メール名人」は電子メールによる受注内容を基幹システムに登録するといったメール業務の自動化製品。データ変換機能を備えている。					
価格	• Auto ブラウザ名人：開発版ライセンス　年間16万円〜 • Auto メール名人：開発版ライセンス　年間14万円〜					

1.4.9 WinActor/WinDirector

表1.10 WinActor/WinDirector

提供元	NTTデータ					
動作環境	サーバー、PC					
認識方式	画面要素認識	○	画像認識	○	座標指定	○
概要	純国産のRPAツールである。NTTアクセスサービスシステム研究所が技術開発し、NTTアドバンステクノロジが製品化した。NTTデータが製品の販売や導入支援を行っている。 デスクトップ型のRPAであり、各クライアントにインストールし実行される。Windows搭載PCでのPC操作と実行に特化している。手順は、録画形式による設定に加えて、あらかじめ用意された約300種類のコマンドによる設定も可能。記録した手順はフローチャートとして自動保存される。2017年9月に、「WinDirector」という管理・統制用のソフトウェアロボットが加わり、サーバー管理できるようになった。デスクトップ型RPAで小規模スタートして、その後、規模を拡大するというステップが実現できる。					
価格	年額90万8000円					

1.4.10 NICE APA（Advanced Process Automation）シリーズ

表1.11 NICE APA（Advanced Process Automation）シリーズ

提供元	ナイスジャパン					
動作環境	サーバー、PC					
認識方式	画面要素認識	○	画像認識	○	座標指定	○
概要	APA（Advanced Process Automation）は、ユーザーの業務手順を示すなどをして業務支援するデスクトップ型RPAの「Desktop Automation」とサーバー上で処理を行う全自動型ロボット「Robotic Automation」とデスクトップ分析の「DesktopAnalytics」の3つのソリューションを主軸とする製品群。紙文書をスキャンしてデータ化するOCR機能や、ロボットがデータを収集してPC上の画面に集約して表示させる機能も備える。					
価格	25万4000円（PC向けロボット）〜					

1.4.11 Pega Robotic Process Automation/Pega Robotic Desktop Automation/Pega Workforce Intelligence

表1.12 Pega Robotic Process Automation/Pega Robotic Desktop Automation/Pega Workforce Intelligence

提供元	ペガジャパン					
動作環境	サーバー、PC					
認識方式	画面要素認識	○	画像認識	○	座標指定	○
概要	ロボットが稼働するマシンを人間が操作しないことを前提としたロボット（Robotic Process Automation）に加え、ユーザーの業務支援をするロボット（RDA：Robotic Desktop Automation）を開発できる。ユーザーのPC作業をモニタリングして自動化可能な業務を分析できるクラウドサービス（Workforce Intelligence）も別途提供する。					
価格	・Pega Robotic Desktop Automation　単独ライセンス（150ユーザーから） 　ー 月額約5000円／ユーザー 　ー 永続ライセンス約18万円／ユーザー 　※2018年1月31日時点のライセンス価格情報 ・Pega Robotic Process Automation 単独ライセンス※（10端末から） 　ー 個別見積もり ・Pega Workforce　Intelligence　月額約3500円／ユーザー（200ユーザーから） 　※ペガプラットフォーム／CRM関連製品と一括購入の場合特例あり					

1.4.12 ロボ・オペレータ

表1.13 ロボ・オペレータ

提供元	アシリレラ					
動作環境	PC					
認識方式	画面要素認識	○	画像認識	○	座標指定	―
概要	PCで動くコボットを開発できるデスクトップ型RPAツール。操作対象のボタンなどの画像をキャプチャーし、その画像に対してマウスやキーボード操作を設定するという流れで開発する。Webでもアプリケーションでも画面上で操作できるものは簡単に自動化できる。直観的に理解できるため、利用部門の担当者でも扱いやすい。					
価格	・開発用ロボット:月額12万円〜 ・実行専用ロボット:月額4万円〜					

1.4.13 ipaS

表1.14 ipaS

提供元	デリバリーコンサルティング					
動作環境	PC					
認識方式	画面要素認識	○	画像認識	○	座標指定	―
概要	直観的に理解できるため、利用部門の担当者でも扱いやすい。導入前に、自動化対象業務をもとにしたサンプルプログラムを開発し評価できるサービスも提供する。					
価格	・開発用ロボット:月額12万円〜 ・実行専用ロボット:月額4万円〜					

1.4.14 Robo-Pat

表1.15 Robo-Pat

提供元	FCE Process&Technology					
動作環境	PC					
認識方式	画面要素認識	○	画像認識	○	座標指定	―
概要	直観的に理解できるため、利用部門の担当者でも扱いやすい。プログラマーや技術者に依存しないRPAを提唱している。					
価格	・開発用ロボット：月額12万円〜 ・実行専用ロボット：月額4万円〜					

1.4.15 SikuliX

表1.16 SikuliX

提供元	オープンソース・ソフトウェア					
動作環境	PC					
認識方式	画面要素認識	―	画像認識	○	座標指定	―
概要	OpenCV（インテルが開発・公開したオープンソースの画像解析ライブラリ）を利用したオープンソース・ソフトウェアのGUIオートメーションツール。操作対象を画像としてマッチングするため、スクリーン上に表示されているものであればアプリケーションの種類を問わず操作することができる。開発環境が付属しており、画面上のある場所をクリックしたり、テキストボックスに文字入力したりといった、人間が行う作業を記述することが簡単にできる。 開発環境で簡単な操作を自動で記述させることができるが、それ以上に込み入ったことをさせたい場合は、直接スクリプト（JythonかJRuby）を記述する。プログラムの経験が必要となるため、実務担当者が利用するにはハードルが高い。 何台でどれだけ使っても無料。月額10万円のロボット10台に簡単な処理を行わせている会社があると仮定すると、置き換えるだけで年間1,200万円の削減が可能になるため、検討の余地はあるだろう。					
価格	月額　0円					

1.5 RPAの落とし穴

様々なRPAツールを紹介しましたが、ここではRPAツール導入後に、はまりがちな予想外の落とし穴について解説していきます。

RPAツールは、世間で宣伝されているように「プログラムレスなので、現場の担当者でもすぐに使える」「24時間365日働く」「安価で始められる」というのは本当でしょうか？

少なくとも、筆者が見てきた企業では、そうではない場合が多いのが現実です。

1.5.1 落とし穴1：活用できない

● 現場で使われない

業務をされている多くの方は、大変忙しいですから、いくら操作が簡単とはいえ、新たにRPAツールの操作を覚えることに抵抗感がある人が大半です。

経営層は、ユーザー部門にツールを与えれば、「自分達で自立的に自動化を進めてゆくだろう」と短絡的に考えてしまいがちですが、まったく自動化が進まず、月額利用料だけを払い続けるケースもあります。

● 最低限のプログラム知識がないと使えない

有償のデスクトップ型RPAはパソコンで行っている作業をプログラムなしで自動化することを目指して開発されているものがほとんどです。その方向性はどんどん強化されていっており、Excelのマクロ記録のように操作を記録するツールもあります。また、将来的には通常の業務を行っているだけで、AIが自動化に向いている業務を探り出し、自動的にロボットの雛形を作ってくれるようになるそうです[2]。

しかし、いざロボットの雛形を使って本当に自分の業務に活かすためには、手を入れる必要が出てきます。業務を行うたびに動的に変化するパラメータがたくさんありますし、雛形にはない条件での処理も追加しないといけないでしょう。

---

[2] 日経コンピュータ（2018年3月29日発売）「ロボ作りもロボにお任せ　RPAツール、AIで賢く」参照。

また、パソコン環境や業務内容が変わった場合は改修していかないといけません。

実務者はプログラムの基本である条件分岐や繰り返し処理、変数や関数についての知識はほとんどありません。もちろん、システム開発の基本である例外（エラー）処理や共通処理の部品化も考えることはありません。

プログラムの知識がなくてできるのは順次処理の正常系だけです。しかし、そのような業務は現実には存在しません。結局は有効に運用できる仕組みを構築することはできず、ロボットを作った本人だけが本人のパソコン内だけで使う便利ツールくらいにしかならないでしょう。

まともに業務に役立つ自動化の仕組みを構築するには、最低限のプログラムやシステム開発の知識が必要です。

24時間365日働かない

ロボットは24時間365日働くので、人件費に比べると非常に安価だと考えておられる方もいると思います。確かにソフトウェアなので、パソコンやサーバーを起動しておけば、仕事をしてくれます。

しかし、「その仕事が失敗することもある」ということを考慮しておかなければなりません。そして、それは「たびたび起こり得る」と考えるべきです。

ロボットがミスをおかさなくても、パソコン環境が変わったり、操作対象のアプリケーションが不具合を起こしたり、仕様が突然変わったり、ネットワークが異常に遅くなったり、と例外発生の余地はいくらでもあります。

また、実務を行うわけですから、上記の物理的な例外に加え、論理的な例外も起こり得ることを想定しなければなりません。正常にデータは取得できたが数値が異常に小さい、マスタのメンテナンスがされておらず不整合が発生した、などです。

24時間365日働かせたい場合は、中央管理を行い、運用監視体制を整える必要があります。主に、海外のサーバー型RPAには中央運用監視機能がありますが、非常に高価なシステム導入となります。中小企業でバックオフィスの業務自動化を行うのには仕掛けが大げさすぎますし、ロボットのために夜中に人を配置するのも本末転倒です。ロボットは運用者が見守れる時間帯のみで働くというのが現実的です。

1.5.2　落とし穴2：混乱する

● 統制が取れなくなる

　各部署にロボット作成させた場合、全社で何台のロボットが動いていて、何をしているのか把握できなくなります。

　ロボットを作成した本人が、その部署に所属し活用している間はよいですが、部署異動や退職でいなくなった後は中身のわからないロボットが残されます[※3]。

　人によってITスキルに差があるので、前任者が優秀であればあるほど、ロボットの引き継ぎが難しくなってしまいます。RPA全体を監督している人も部署もないので、サポートも受けられませんし、もちろんRPA販売業者のサポート範囲外です。

● やみくもに自動化してしまう

　RPAツールは人がパソコン上で行っていることは何でも自動化できてしまうので、何でも自動化したくなります。しかし、自動化が問題を引き起こす案件もあるので気を付けましょう。

　「パソコン操作が自動化できる」ということと「業務が自動化できる」ことは質が違います。業務の自動化の中には、複数部署の利害を調整したり、業務ルールの整備を行ったりすることも含まれてきます。

　よく認識せず、技術的な面だけで自動化に取り組むと、思わぬところに悪影響を及ぼしてしまいます。場合によっては会計処理や財務報告に問題が生じるリスクもあります。

● RPAが止まってしまう

　RPAはソフトウェアのロボットですから、停電や機器の故障などによって突然停止するリスクがあります。また、人は柔軟に対応できる変更もロボットは対応できません。例えば、ロボットが参照しているフォルダの名前を変更したり、ロボットがマスタとして参照しているファイルに気軽に1列追加したりといった軽微な変更でも止まってしまいます。

　RPAで自動化し、その業務に人が介在しなくなった後に、自動化が止まると混乱を引き起こします。万が一、止まっても大丈夫なバックアッププランを構築す

※3　実際にはロボットのプログラムを読み解けばわかりますが、人間の作ったロボットは読み解きにくいものです。中身を理解するのが面倒に感じ、結局手作業に戻ってしまうケースもあります。

る必要があります。

1.5.3　落とし穴3：意外に高額である

「24時間365日働くので、月額10万円程でも人件費に比べて安価」という話を聞くことが多いと思います。しかし、現実的には1台のロボットにそこまで多くの仕事をさせることはできません。

筆者は、1台のロボットに多くの仕事をさせられるようスケジュールを組んで、バッチ処理で動かしていますが、それでも1台のロボットに1日2時間程しか仕事をさせられません。どの自動化業務も、同じ時間帯、同じ期間に集中しているからです。その時間、その期間のみ、何台もロボットがほしいわけです。

ましてや、実務者にロボットを与えて、自分の業務を自動化させていたら、利用頻度は月間1時間程ではないでしょうか？

月額10万円としても、5年で600万円ですから、600万円のシステムを分割で買っているのと同じです。10台買えば6000万円のシステム投資。果たして、それだけの自動化効果が出せるでしょうか？[4]

大企業にとっては問題にならない額でしょうけれど、中小企業にとっては大きな足かせとなります。

この点から筆者はオープンソースでRPAシステムを構築し、無料で自動化することをお勧めしています。費用対効果を気にせずに取り組むことができます。

---

[4] ツールによって料金は様々ですが、サブスクリプションと買取の両方を用意しているツールが多いようです。各ツールの料金体系はほとんど明らかにされておらず、オプションやセット値引などが複雑に絡んで、ユーザーを混乱させています。

CHAPTER 2 完全自動化の概念とインフラの設計

Chapter1で指摘したRPAの課題を解決するためには、「完全自動化」が必要です。このChapterでは完全自動化の基礎をしっかりと理解してください。

2.1 完全自動化とは

「完全自動化」とは、ホワイトカラーの定型業務を最初から最後まで自動化し、実務者のパソコン作業をなくしてしまうことです。現在、世間でもてはやされているRPAの概念とは少し違います。

2.1.1 部分自動化と完全自動化の違い

● 部分自動化

特に人手での作業に手間がかかる業務の一部をRPAによって自動化するものです（ 図2.1 ）。実務者が自らRPAツールを使って自動化を行う場合はこの部分自動化になります。

実務者の業務自体は減りませんが、簡単な作業を大量に繰り返すことが多い場合は大きな効果を得られます。実務者のITリテラシーが高く、大量のデータを処理しなくてはならない大企業に向いていると考えられます。

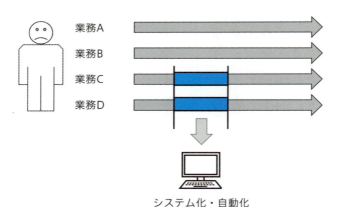

図2.1 部分自動化のイメージ

● 完全自動化

これに対し完全自動化は、業務自体が実務者から切り離され、ノウハウはすべてシステムに記述され、自動で運用されます（ 図2.2 ）。

自動化を行う主体は実務者ではなく、社内SEを中心とした自動化チームです。実質的に業務の責任の一部は、自動化運用チームに移行します。

　大量の繰り返し処理は少なく、手間のかかる業務を数多く抱えている中小企業に適している自動化方法です。

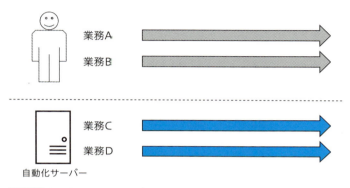

図2.2 完全自動化のイメージ

2.1.2　完全自動化の目的

　完全自動化の目的は「日本を元気にする」ということです。そのためには3つのステップが必要だと考えます。

Step1．中小企業の従業員を日々の単純作業から解放する
Step2．中小企業の経営の自由度と利益を上げる
Step3．日本企業や労働者の生産性を上げる

● Step1．中小企業の従業員を日々の単純作業から解放する

　「業務のためのデータ作成」がメイン業務になっていませんか？　ある小売業の発注業務を例に見てみましょう。

> 「週次の商品発注業務」を行うために、先週の品番別売上数と前年売上数と現在庫数、発注残数を様々なデータソースから集めて、Excelで加工して巨大な表を作る。表の作成に2日かけて、肝心の発注数量の決定は3日目から始める。
>
> 発注には締め切りがあるため、精緻な発注数を求めている時間はなくなってしまい、結果的にアバウトな発注となってしまう。また、手作業によるミスも重なり、在庫の過剰や不足を生む原因となっている。

汎用的なパッケージシステムは会社独自の業務をカバーしてくれません。図2.3 のようにシステムと業務のギャップを埋める作業は、実務者は負担に感じながらも解決策がないため定型業務として続ける他ありません。

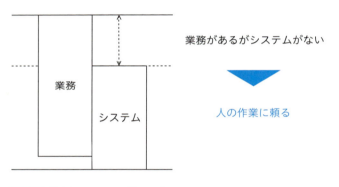

図2.3 業務とシステムのギャップ

このギャップを人ではなく、ITによって埋めるのが完全自動化の役割です。商品発注業務はこうなります。

> 毎週月曜日の朝10時に発注に必要な資料がメールで送られてくる。発注数の推奨値がすでに表に入力されているので、参考にしつつ落ち着いて発注数を決め、月曜日中に発注する。精度の高い発注が早くできるようになり、完全自動化以前より納品時期が早まった。結果として、在庫が適正化され、売上がアップした。

単純に「表を作成する工数が削減される」という小さな改善にとどまらず、実務者が付加価値の高い業務に集中できるようになり、確実に生産性が向上します。当然、残業も減ることになります。

● Step2. 中小企業の経営の自由度と利益を上げる

経営にとって、貴重な人材を有効に活躍させることが大事です。しかし、図2.4 のようにITリテラシーの高い優秀な実務者ほど「システムと業務のつなぎ」「システムとシステムのつなぎ」などのシステム化から取り残された業務に入り込んでいることが多いのが現状です。

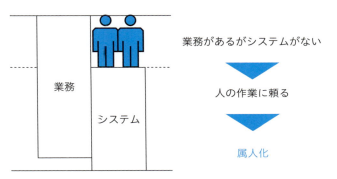

図2.4 ギャップが属人化を生む

優秀な実務者は他の実務者にはできない業務改善を行ってくれるというよい面がありますが、一方、属人化業務を作り出し、他の従業員には手が出せない領域に踏み込んでしまいがちです。

こうなると優秀な実務者ほど異動させられなくなり、経営が硬直化してしまいます。やがて、この優秀な実務者が業務をつかんで離さない「やっかいな存在」に変質することもあります。とても皮肉なことです。

完全自動化で上記のような属人化業務を切り出してあげれば、この優秀な実務者は属人化業務から解き放たれ、大いに活躍してくれるようになります。

● Step3. 日本企業や労働者の生産性を上げる

日本の企業の99.7%は中小企業です[※1]。したがって中小企業の生産性が上がることは、日本の生産性が上がることにつながります。

一般に中小企業の業務は、大企業と比べ煩雑だと言えます。取り扱う商品も少量多品種になることも多くありますし、伝票1つとっても大きな取引先に合わせて変えなければならない場合が多く、事務の手間が増えます。

※1 2017年度版中小企業白書（中小企業庁調査室）より。大企業は1.1万社、中小企業は380.9万社で、そのうち中規模企業が55.7万社、小規模事業者が325.2万社となっています。

汎用的なパッケージシステムがカスタマイズなしで当てはまるような業務が少ないので、ERPパッケージで全社的な効率化を図ることは難しいでしょう。

筆者は、このような中小企業が生産性を上げるには、会社独自の煩雑な業務を丸ごと自動化する完全自動化の手法が最も適していると考えます。

本書を参考にして、自社の完全自動化に取り組む方には「自分は日本の生産性を上げて、日本を元気にする仕事をしているのだ」という気概と誇りを持っていただきたいと思います。

2.1.3　費用対効果の考え方

完全自動化により実務者は、より付加価値の高い業務に集中できるようになるため、費用対効果という考え方はなじまないのですが、完全自動化は経営的な目安として求められます。あなたは稟議を通さなくてはならない場面があるでしょう[※2]。

完全自動化の効果を整理すると以下の4つがあります。

①実際に今まで実務にかかっていた工数が削減できる。
②より付加価値の高い業務に使える工数が増える。
③必要なファイルを検索するなどの「段取り時間」がなくなる。
④心理的負担、肉体的負担が減少する。

心理的負担は計測できませんが、筆者は少なく見積もっても削減工数の2倍の工数を生み出していると考えます。

例えば、従業員が1時間/日で行っている作業を自動化した場合を考えます。月に20日働く場合、20時間/月の工数を削減できます。

完全自動化が削減工数の2倍の工数を生み出してると考えると、完全自動化により新たに生み出された工数は40時間/月です。

仮に1人月（160時間）かけて完全自動化をしたならば、その開発工数は4ヶ月（開発工数160時間÷生み出された工数40時間/月）で元を取ることができ、その後は利益を生み出し続ける計算になります。

[※2] 本書ではオープンソース・ソフトウェアを利用しますので、基本的に稟議を通さず始められます。インフラ費用はかかる可能性はあります。

2.2 完全自動化の体系

完全自動化について理解が進んできたと思います。しかし、ホワイトカラーの定型業務を完全自動化する方法はまだ見えてきていません。ホワイトカラーの定型業務は、目で見て誰が何を行っているのかわからないので、漠然としていて捉えづらいのです。

2.2.1　ホワイトカラー業務は「工場」の体系で考える

それでは逆に「目で見てわかり、自動化が進んでいる」のは、どの業種でしょう？

それは、日本が高い生産性を誇っている製造業です。自動車工場に行けば、誰が何をしているのか目で見てはっきりわかり、ロボットによる自動化も非常に進んでいます。「見える化」が進み、改善を重ねることで、より不具合や事故の少ない製造が可能になっています。

この成功パターンをホワイトカラーの定型業務に応用しましょう。実はホワイトカラーの定型業務は、「工場」によく似ています。

自動車工場では資材の投入から始まり、車体が加工されます。次にドアやエンジンなどの部品が取り付けられ車両が組み立てられます。最後に検査を経て完成車両が出荷されます。

同様に定型業務もデータの投入から始まり、データ加工、組み立て（帳票作成）、出荷（印刷、メール配信、システム入力等）で完結します。

このように、ホワイトカラーの定型業務を「工場」の体系で整理することで、完全自動化を実現することができるようになります。

● DAF理論

筆者は、この考え方を「DAF理論」と呼んでいます。DAFとは「Data Automation Factory（業務の完全自動化工場）」の略で筆者が名付けたものです。ホワイトカラーの定型業務とDAF理論の関係性を 図2.5 に示します。

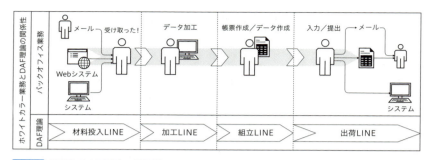

図2.5 業務とDAF理論の関係性

図2.5 のようにDAFは通常、「材料投入（インプット）」「加工」「組立」「出荷（アウトプット）」という4つの工程（LINEと呼んでいる）で構成されます。

実際の業務はDAFが複数連なっていることも多く、DAFチェーンと名付けています（ 図2.6 ）。

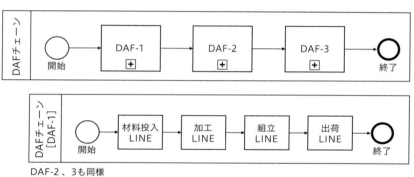

図2.6 DAFチェーンとDAF、LINEの関係図

DAF理論の考え方はとてもシンプルです。

①ホワイトカラーの定型業務は「工場」の体系で整理できる。
②体系化された業務はソフトウェアによって完全自動化できる。

完全自動化されたオフィスを想像してください。

「出社するとすでに最新の分析資料がメールで送られてきており、すぐにミーティングを行うことができる。オフィスを見回してもデータの加工や定型資料の作成を行う人は一人もいない。企画立案などの生産的な仕事に集中している。」

どうでしょう？　PCや書類で雑然としている事務所ではなく、すっきりとし

てクリエイティブなオフィス空間がイメージできたのではないでしょうか。

● 完全自動化概念の階層

少し、話が進んできたので一度整理します。 図2.7 を見てください。業務自動化の方法の1つが「完全自動化」です。ホワイトカラーの定型業務を完全自動化する方法論の1つが「DAF理論」となります。

図2.7 完全自動化概念の階層構造

2.2.2　完全自動化の満たすべき機能

ホワイトカラー業務を完全自動化する仕組みは、工場と同じだと考えた場合、システム開発の専門知識がなくても、どのような機能が必要になるのか想像できるようになります。

完全自動化に必要な機能は以下の3つです。

①人の作業を代行できる機能
②複雑な製造ラインを実装できる機能
③DAFチェーン全体を統制できる機能

● ①人の作業を代行できる機能

自動車工場で人の手の代わりをするロボットが動いている様子をテレビなどで見たことがあるでしょう。完全自動化においては、そのロボットと同じ役割を担うのがRPAです。

RPAが登場するまでは、販売管理システムやグループウェア、BIシステム（ビジネス・インテリジェンス：分析ツール）などからデータをダウンロードしなければならない場合は、手作業で行うか、システムを改修してもらう必要がありました。

RPAが「デスクトップの操作を人と同じように行ってくれること」により、手作業を廃絶し、業務の完全自動化が実現できる土壌が整ったと言えます[※3]。

②複雑な製造ラインを実装できる機能

工場の製造ラインは、後工程へ向けて製品を送るだけでなく、製品によって分岐したり、ライン周りのロボットと連動して動いたり、と複雑な動きをします。同じようにDAFの製造LINEも条件による分岐や他のツールとの連動など、複雑な処理が実装できる必要があります。

また、工場内で不具合が発生したら、製造ラインが止まり、直ちに品質管理担当者に通知が行くのと同じように、DAF内で例外(エラー)が発生した場合、例外通知ができる必要があります。

③DAFチェーン全体を統制できる機能

現実の自動化工場で、管理室からすべての工程が一元管理できるように、外部から一元的に運用監視およびリモート実行ができなければなりません。複数のDAFの実行順やスケジュールを制御する必要もあります。

例外(エラー)発生時にはリアルタイムで状況を把握し、対応を行います。

※3　筆者にとってはRPAの機能はこれで十分です。RPAツール各社は機能をどんどん付加しようとしていますが、必要ありません。価格が高くなり、ユーザーの機能比較の工数が増えるだけです。

2.3 導入前の要件定義

> ここからは、完全自動化に必要な知識を見ていきましょう。まず「要件定義」です。

この工程では現状と完全自動化に必要な要件を把握し、文書にまとめます。一度で完結することはありませんので、難しく考えず早く手を付けて進めることが大切です。まとめている間に疑問点が湧いてきますので、その都度、現場に確認して進めてください。

2.3.1 現状把握（全体）

● 現状のシステム概要を把握する

個別の完全自動化案件に深入りする前に、案件に関わるシステムの概要を把握します。

デスクトップ型RPAツールの知識がある方は、「現状の業務をまったく変えずに、そのままRPAツールに覚えさせればいいので、システム概要の把握は必要ない」と思っているかもしれません。

しかし実際の業務は、システム・エンジニアの視点からみると非合理的な方法でシステムを利用している場面が多く見られます。

例えば「別のシステムから、集計されたデータが取り出せるのに、明細データを手作業で集計している」「複数の人が同じデータをダウンロードしているので、システム負荷がかかって余計に処理が遅くなっている」などです。

これらの業務をそのままRPAツールに覚えさせてはいけません。

正確かつ効率的に業務を自動化するためには、案件に関わるシステム概要を把握することが必要なのです。

● システム概要の文書を作る意味

もう1つ、この段階で全体を把握し、文書を作成することには意味があります。それは、経営層に見せるためです。

完全自動化を行う時には経営層の支持が必要です。部署間の垣根を超えて行う自動化もありますので、利害関係の調整にひと肌脱いでもらう必要も出てくるで

しょう。その時に経営層がまったくシステム概要を把握していなかったら、あなたも予期しない方向に話を持っていかれてしまうかもしれません。

そもそも、あなたが何をやっているのか理解してもらえず、まったく評価してもらえないかもしれません。そうなると、あなたも周りもモチベーションが上がらず、完全自動化は頓挫することでしょう。

「システム部が昔作った難しいシステム概要図」は、忙しい経営層は見たくないものです。もっとシンプルで親切なシステム概要図を作り、経営層を味方に付けて、「応援してもらえる自動化」を目指しましょう。

● 課題を把握する

「経営層・マネージャ層から見た課題」と「実務者から見た課題」は異なります。DAFチームは双方の課題に加え、「完全自動化の観点から見た課題」を把握しましょう。

これらを 表2.1 のように文書にまとめておきましょう。

表2.1 現状把握（全社）の文書の雛形

ID	案件名	題名
A1	XXXXX自動化	XXXXX業務に関わるシステム概要
システム概要図		
ここに図を入れる		
説明		
文章でシステム概要を説明する（箇条書き）		
課題		
文章で課題を説明する（箇条書き）		

● 初期診断

現状の大枠と完全自動化したい案件が見えてきたところで、いったんゼロベースで眺めてみることが大事です。

なぜなら、「すべての業務を完全自動化できる」わけではないからです。また、完全自動化できるとしても、「仕様がわかる人がいない案件」「人の判断や手作業が絡んでいる案件」「複数の部署の思惑が複雑に絡んでいる案件」などは調査や調整に多くの工数がかかってしまいます。

要件定義する中で「今の自分の力量では自動化できない」と判断したら、いっ

たん保留するか、優先順位を落とすことも念頭に置いてください。

ただし、コンサルタントが行う初期診断とは違います。コンサルタントは診断から解決までを間違わずに提示することが仕事ですが、実務の現場で求められるのは行動と結果です。

行動することによってのみ得られる情報があるので、試行錯誤は避けられません。筆者も何回も失敗しました。本書をガイドラインとしながら、試行錯誤することであなたにあった完全自動化のガイドラインを見つけていってください。

2.3.2　現状把握（個別案件）

個別の完全自動化案件で押さえるべき項目

具体的に個別案件に入る際に押さえておくべき項目は以下のものです。

(1) 部署名
(2) 業務名
(3) 業務の目的
(4) 実行タイミング（日次、月次など）
(5) 現在の作業工数
(6) インプット（システムからのダウンロード、データベースなど）
(7) 加工内容
(8) アウトプット（帳票、ファイル、システム入力など）
(9) 例外パターン

これらを押さえたらドキュメント化しておきましょう。

現行資料を集める

インプット、アウトプットの現行資料を実務者から提出してもらいます。数ヶ月分をサンプルとしてもらうとよいでしょう。主に、CSVファイルやExcelファイル形式になります。

業務フローの図式化

正確に現状を把握するために、実務者にヒアリングし、業務フロー図を作成します。できる限り、実務者側に業務フロー図や業務手順書を作成してもらいます。レアケースですが、業務手順書を持っている場合もあります。業務システムや

Excelを使った業務であれば、画面のハードコピーを手順どおりにとってもらいます。

この段階では改善案など入れずに、現状のままを把握することに注力しましょう。

業務フローは、一般的なフローチャートで書いてもよいのですが、ビジネスプロセスを記述しやすいBPMNというモデル記述言語をお勧めします。

BPMNは、Business Process Modeling Notation（ビジネスプロセス・モデリング表記法）の略で、業務手順をわかりやすく図示して可視化するための表記ルールを定めたものです[※4]。

発注書を作成し、部長が承認をして、業者Ａに発注書送付するまでの簡単な流れを示すと 図2.8 のようになります。

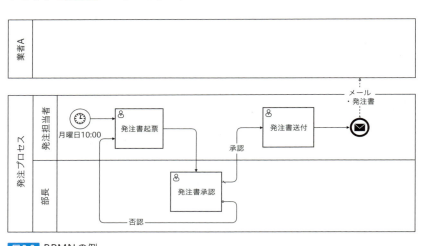

図2.8 BPMNの例

2.3.3 個別案件の要件定義

個別案件の現状を把握した上で、完全自動化の要件をまとめます。開発時や運用開始後に変更になる場合もたびたびありますが、際限なく変更を受け入れていてはゴールにたどり着けませんので、この段階で要件を文書でまとめておき、関係者の間で合意を形成しておくことが重要です。

※4　BPMNの記述法についてはインターネットで調べるとたくさん出てきます。あくまで完全自動化のために使うものなので、正しい記述法にこだわらず描いてみることが大事です。

● 成果物の定義

アウトプットを定義します。帳票の自動作成案件であれば、帳票イメージを定義します。これが完全自動化のゴールとなります。

● 粒度分析

成果物を作成するために、必要なデータの粒度を洗い出します。粒度とは数値データの集計単位のことです。時間軸なら日単位（粒度が細かい）、年単位（粒度が粗い）などがあります。

アウトプット作成のために必要な一番細かい粒度のデータを取得できなければいけません。

● データソース分析

粒度分析したデータの要件を満たすデータソースを特定します。現状の実務者の使っているデータソースが正解とは限りませんので、「現状分析」で把握したシステム概要をもとにデータソースを探り当てましょう。

粒度とデータソースを 表2.2 のようにまとめて漏れのないようにします[5]。

表2.2 粒度とデータソース分析表

No.	管理項目	管理ポイント						データソース
		期間		場所		商品		
		日	月	部門（店舗）	地域	品番	小分類	
1	売上数量	○	○	○	○	○	○	販売管理システム
2	売上金額	○	○	○	○	○	○	販売管理システム
3	売上原価		○	○	○			経理システム
4	客数	○	○		○			旧システム

---

[5] ここまで手順を踏んでも、データソースが後から変わることがありますので、開発しながら修正することもあります。完全自動化が業務システムの開発とは違う点だと言えます。

● 完全自動化後の業務フローの図式化

　完全自動化した業務だけを見ると、マスタの修正や成果物の印刷などを除いて実務者の業務はほとんどなくなります。完全自動化後の業務フローを描いておき、関係者の認識を合わせます。また、ここで作成した自動化フローがこの後のインフラ設計、自動化の設計・開発につながってきます。

✎ COLUMN

文書作成時のコツ

　筆者はプログラマーとしていろいろな企業に派遣されることが多かったのですが、その経験上、大企業の従業員に比べると中小企業の従業員は文書を作成することが少ないし訓練されていないと感じました。

　みなさん多くの案件を抱えて非常に忙しいのはわかりますが、会議を行う時も報告する時も口頭が多いため、案件が進んでいるのかどうかはっきりしません。

　「忙しくて文書など悠長に作っている暇がない」ということでしょうけれど、文書は自分がいない時でも人に情報を伝えてくれますし、人を動かすこともできます。結果的に大幅に工数を削減することができるわけです。

　忙しい人ほど文書の力を利用したほうがよいと考えます。文書の書き方についてはいろいろな本が出ていますから参考にしてください。

　ここでは、完全自動化の文書を作る時のちょっとしたコツを紹介します。

①箇条書きにして番号を振る

　要件定義書などの文書を作る際、「説明」や「課題」の中身を箇条書きにして、番号を振るようにします。文章でずらずらと書いても、箇条書きで●や■を付けても同じことが表現できますが、番号を振るメリットがあります。

　他の人と話す時に、「課題の2はさぁ、＊＊＊なんだよね」という会話にできるので、共通の項目に瞬時にフォーカスを当てられるというメリットです。これは、特に経営層に説明する時に効果を発揮します。同じように、色を使う場合もあります。「青の部分を見てください」という使い方をします。

②図を入れる

　文字で長々と説明されても、頭になかなか入ってきません。図を積極的に使ってわかりやすい説明を試みてください。本書の図はVisioを使って描いています。ExcelやPowerPointを使っても描けますが、Visioのような作画ツールを使えば効率的に描けますし、図の品質が高くなります。

　BPMNのようなモデリング表記も最初からアイコンが用意されています。この話をすると「会社に買ってもらえない」などという人がほとんどですが、自分で買ってください。鉛筆一本、自分で買わない人がいますが、プロなのだから道具は自分でそろえるのが当然という発想に頭を切り替えたほうがきっと上手く行きます。

2.4 必要なインフラ技術

ここでは自動化に必要なインフラ技術について解説します。

2.4.1 完全自動化に必要な機能

完全自動化に必要な機能は以下の3つです。

①人の作業を代行できる機能
②複雑な製造LINEを実装できる機能
③DAFチェーン全体を統制できる機能

したがって、基本は、図2.9のように3台のパソコンまたはサーバーによってシステム全体が構成されます。

①ロボット工場となるパソコンまたはサーバー
②製造LINEのある加工組立工場となるパソコンまたはサーバー
③①、②を一括管理するサーバー

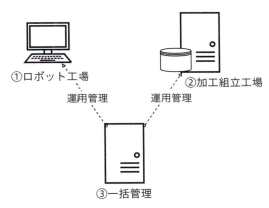

図2.9 インフラ構成

バックアップ体制や開発・テスト環境を考慮した場合、この構成より大きくな

ります。また、完全自動化案件が増えて処理が追いつかなくなった場合も大きくする必要があります。

　拡張性とコストに柔軟に対応するためには仮想化技術やクラウドサービスを有効に活用してください。最初から大きなコストをかけることは、自動化の費用対効果から見て得策ではありません。結果を出して、経営層の信頼を得るにしたがって、スケールアップしてゆくのがよいでしょう[※6]。

※6　かといって、あまりに安価なPCを使って簡易的に構築すると、「処理速度が遅い」「運用後に壊れ、業務が止まってしまう」「復旧に余計な工数がかかってしまう」などのデメリットもありますので注意してください。

2.5 設計・開発

DAF（Data Automation Factory）理論に基づいた完全自動化の設計・開発方法を簡単に説明します。

2.5.1 DAF設計

DAF理論では最小実行単位をLINE（「自動車工場などの「製造ライン」と同義）と呼んでいます。LINEが複数集まってDAFとなります。DAFは現実社会では工場にあたります。

DAFが複数集まってDAFチェーンを構成します。現実社会でたとえれば、サプライチェーン全体ということになります（図2.10）。

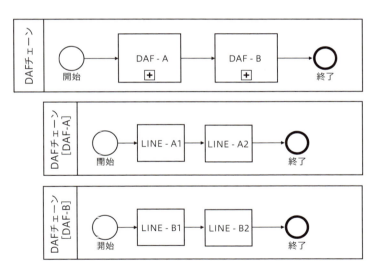

図2.10 DAFチェーンとDAF、LINEの関係図

● DAFチェーンの設計

これをもう少し、なじみのあるツリー構造で簡略化して表現してみると図2.11のようになります。

DAFチェーンを実行すると、まず「DAF-A」が稼働します。「DAF-A」が成功したら、「DAF-B」が稼働という流れになります。

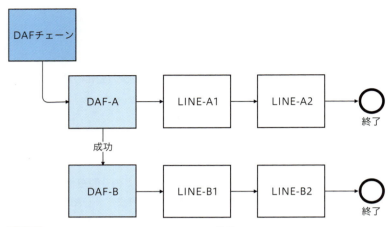

図2.11 DAFチェーンとDAF、LINEのツリー構造

　当然、「DAF -A」が失敗したら、「DAF -B」は実行されずに、このDAFチェーンは失敗ということになります。前工程の失敗を後工程に引き継がない運用ができるわけです。2.3.2項の中の「業務フローの図式化」のところでも紹介したBPMNで表記すると図2.12のようになります。

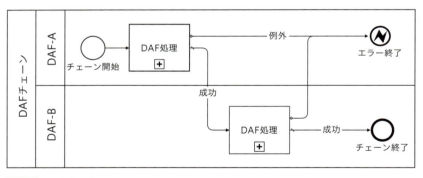

図2.12 DAF同士の連携

● DAFの設計

　DAFの中はさらに複雑になっていますので、DAF設計図を作成します。
　一から作るシステム開発とは違い、既存のシステムや環境を使って開発してゆきますので、設計時にすべてを把握することは困難です。開発しつつ設計を柔軟に変更する必要性が出てくるでしょう。

図2.13 では、DAFの中で、「データ取得」「データ加工」「帳票作成」「メール配信」の処理をBPMNで記述しています。

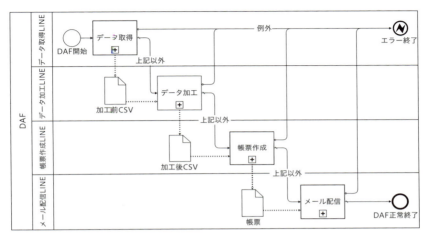

図2.13 DAF内の詳細設計例

2.5.2　DAF開発

● 開発

　DAFチェーンは明確なツリー構造で構成されていますので、ツリーを構成する個々の要素の個別開発が可能です。

　まず、LINE部分を単独で動くように開発し、手動で実行しながらテストします。個別のLINEのテストが完了したら、運用監視機能を使い複数のLINEが連動して動くようにします。これがDAFとなります。

　DAFが単独で正しく動くことが確認できたら、最後に複数のDAFをつなげて、DAFチェーンを完成させます。

● テストラン

　現行稼働している業務と並行して、DAFチェーンの運用を実施し、内容や運用体制に問題がないかを確認します。実際に運用してみると、開発時には見落としていたことが見つかったりします。

　また成果物を受け取る実務者の方から、新たな要望が発生することもあります。その場合、初回リリースに取り込むべきか、それともリリース後の改修案件とすべきか検討します。

2.6 チームとその活動

チームとチームがとるべき活動内容を解説します。

筆者は自動化のチームを作ることを勧めています。理由は2つです。

● 1. 運用管理を集中するため

実務部門にロボットを作らせた場合の問題は、1.5節「RPAの落とし穴」で指摘したとおりです。ロボットは自動化チームが集中して開発・運用管理することで、高いサービスレベルを維持でき、自動化の効果を得やすくなります。

中小企業の場合、管理するロボットの数が多くならないため、なおのこと集中管理が向いています。

● 2. 運用責任を負うため

「完全自動化した業務の運用責任を誰が負うのか」が必ず問題となります。開発・運用管理している人が責任を負うのが自然な流れです。

完全自動化を進めるほど運用管理と責任が増えていくため、チームが必要になります。

2.6.1 チームと役割

完全自動化チームの中には4つの役割を持った人員が必要です（表2.3）。初期メンバーは複数の役割を兼任することになります。

表2.3 チームと役割

	役割	内容と適する人材
A	メンバー	ITに関係のない一般社員[7]。最初は、(B) DAF設計者にサポートしてもらう形で進めることでシステム知識をカバーする。最終的には、要件定義から設計まで行い (C) DAF開発者に開発を要請すること、そして、できあがった自動化を運用することが仕事となる
B	DAF設計者	社内SEのあなた。業務およびシステム開発の双方に詳しい必要がある。開発者の教育・サポートを行う役割もある。最終的なミッションは、(A) メンバーを育て、(A) メンバーと (C) DAF開発者だけで完結できるような組織を作り上げること
C	DAF開発者	中級程度のプログラマーが最適。社外のリソースを利用することも可能
D	運用者	問題なく運用されていることを監視し、問題があれば対処する。また、同じ問題が起こらないように (C) DAF開発者と協力して対処する。運用の最初は (B) DAF設計者が兼任し、運用が落ち着いたら (A) メンバーに引き継ぐのが望ましい

2.6.2 チームの成長パターン

● 第1形態

　始めは社内で完全自動化に対する認識はなく、説明しても効果への信頼はありません。少人数（またはあなた1人）でまず1つの案件を完了させ、その効果を見せることに集中します（図2.14）。

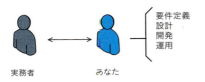

図2.14 チームの第1形態

※7　ITシステムの知識はあったほうがいいです。管理系と業務系からそれぞれ加えるとバランスがよいです。

● 第2形態

完全自動化で実績を出し、メンバーが増えてきた状態です。図2.15のように、メンバーに実務者からのヒアリングや要件定義をしてもらい、あなたは設計やインフラの整備などの裏方にまわります。実開発は開発者に任せます。

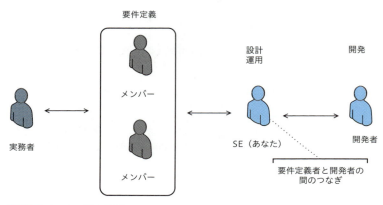

図2.15 チームの第2形態

● 第3形態

あなたは自動化チームを自律的に動かす教育を行う立場になります。もしくは、自動化推進チームを率いる部署長になっているかもしれません（図2.16）。

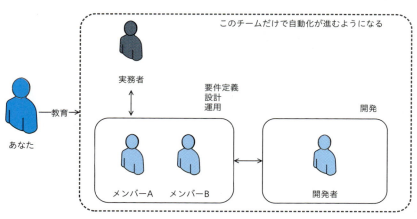

図2.16 チームの第3形態

2.6.3　開発者のスキル

　完全自動化チーム内に開発専門の人材がいると開発のスピードアップが図れます。社内に人材がいない場合は、外部にリソースを求めることになります。プログラマーのスキルシートの例を 表2.4 に記載します。

表2.4　開発者のスキルシート

	項目		内容
A	経験年数		プログラミング経験3年以上。SE、プロジェクトリーダー経験はなくてもよい
B	技術	言語	必須：VBA（VB）・SQL
		DB	MySQL、SQL Server、Oracle、Access
			何か1つで開発したことがあればよい
		OS	Windows Server・Windows
		ツール	ETL関連のツール・RPAツール関連・BI関連のツールの知識があればよいが、なくても大丈夫
C	その他		・技術的な面は、自分で調べて進められる人 ・Excel（Excelの関数や数式）に詳しい人

2.6.4　進捗管理とプロジェクト運用

　定期的にミーティングを開催し、プロジェクトオーナー（完全自動化チームの責任者、経営層など）と完全自動化チームで進捗と認識を共有します。
　完全自動化チームのリーダーが 表2.5 をもとに簡潔に報告します。各案件の進捗は10段階に分割され、感覚的に進捗率が把握できるようになっています。

表2.5 プロジェクト管理シートの例

No	案件名	担当	進捗	進捗 1 現状把握	2 成果物定義	3 材料の特定	4 DAF設計	5 インフラ設計	6 インフラ設定	7 DAF開発	8 テスト	9 テストラン	10 運用
				要件定義			DAF設計		開発				
1	営業日報	△△△	運用中。問題なし。	●	●	●	●	●	●	●	●	●	●
2	EC受注報告	XXX	開発中 ■A社 □R社 □Z社	●	●	●	●	●	●	●			
3	定番商品補充	XXX	成果物設計完了。 DAF設計中	●	●	●	●						

● 報告事項

報告事項は以下の内容になります。

1. 前回から今回までの間に進捗したことは何か
2. 新たに発生した案件は何か(ミーティング内で優先順位を確認する)
3. 課題は何か

2.7 運用方法

業務の完全自動化は「一度、設計・開発すれば終わり」というわけではありません。導入後に業務手順や依存するシステム環境などに変化が生じると、その都度、改修が必要になります。
最初は想定できない例外のパターンが多いと考えたほうがよいでしょう。経験を重ねて、なるべく運用負荷が低くなるように設計・開発にフィードバックしましょう。

2.7.1 運用者向け運用マニュアル

DAF設計者は、運用者が問題なく運用できるよう 表2.6 の項目を記載した運用マニュアルを整えます。また、マスタメンテなど実務者側での作業が必要な場合がありますので、文書で伝えます。

実際に開発や運用を開始してから気付くことも多いので、マニュアルは更新していき、関係者で共有することが大事です。

表2.6 運用者向けマニュアルの必要項目

No	内容
1	実務者がメンテナンスするシステムやデータベース
2	エラー発生のパターンと原因、その対処方法
3	特記すべきロジック
4	依存する環境（フォルダ、ファイルなど削除してはいけないもの）
5	手動で実行する手順

2.7.2 サービスレベル

完全自動化は自動で動作しますが運用管理は必要です。表2.7はサービスレベルを検討する際の区分とパターンです。倍率は労力をパーセントで示したものです。

例えば、365日朝8時に実行され、エラーが発生したらリアルタイムでリカバリしなければならない業務ならば、「頻度A」＋「時間帯A」＋「曜日C」＋「リカバリA」＝ 0+25%+25%+0 ＝ 50%となり、通常業務の150%。大変だ、と言うことができます。

そのような運用は厳しいので、「リカバリC」を選択することで、70%の労力に下げることができます。

もちろん、この倍率は感覚的なものですので、読者の方の職場環境に合わせて変えてください。

大事なことは運用の労力を「見える化」して、話し合う土壌を作り出すことです。RPAの販売会社がさかんに「ロボットだから24時間365日自動で働きますよ」と宣伝していることも影響して、運用の労力を理解しない人が多いのが実状です。

現実の完全自動化工場でも、必ず人が運用管理しています。

表2.7 サービスレベル検討表

区分	パターンID	パターン名	倍率
頻度	A	日次	–
	B	週次	-80%
	C	月次	-90%
時間帯	A	5:00-8:59	25%
	B	9:00-17:59	–
	C	18:00-23:30	25%
曜日	A	平日のみ	–
	B	土日あり	20%
	C	土日休日あり	25%
リカバリ	A	リアルタイム	–
	B	8時間以内	-20%
	C	次営業日以内	-80%

CHAPTER 3
RPAシステムの インストールと設定

ここまで、完全自動化の考え方や開発・運用の方法について学んできました。このChapterではオープンソース・ソフトウェアでRPAシステムを構築するための準備を行っていきます。

3.1 RPAシステムとは

本書で紹介する「RPAシステム」とは何でしょうか。他のRPAとの比較、概念的位置付けを見ていきましょう。

3.1.1　RPAシステムの位置付け

Chapter2で業務を完全自動化するのに満たすべき機能を考えました。

❶人の作業を代行できる機能
❷複雑な製造ラインを実装できる機能
❸DAFチェーン全体を統制できる機能

これを無料のOSS（オープンソース・ソフトウェア）の組み合わせによりコンピュータ上で実装できるようにしたフレームワークを本書では「RPAシステム」と呼びます（ 図3.1 ）。

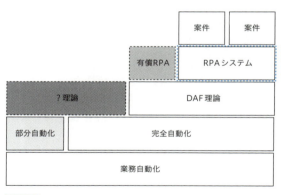

図3.1 完全自動化概念の階層構造

3.1.2 他のRPAとの比較

　RPAシステムには、業務をしっかりと自動化しようとした時に、最低限必要な機能がそろっています。サーバー型RPA、デスクトップ型RPAとの比較で見てみましょう。

　多くのデスクトップ型RPAにはデータ加工に必要なETL機能がありません[※1]。データの扱いは不得意です。また、複数のロボットを一元管理して運用できる機能がありません[※2]。

　表3.1でわかるようにRPAシステムはこれらの機能をOSSの組み合わせで補完し、無料でサーバー型RPAに近い機能を実現できます。

　サーバー型RPAとの大きな違いは対象規模です。管理するロボットが数百台といった規模になる場合はサーバー型RPAを選択してください。

表3.1 RPA機能比較

種類	サーバー型RPA	デスクトップ型RPA	RPAシステム
目的	完全自動化	部分自動化	完全自動化
ベンダー	海外ベンダーが大半	国内ベンダーも多い	―
ソフトウェア	単独のソフトウェア	単独のソフトウェア	デスクトップ型RPAを含む複数のソフトウェアを組み合わせる
GUI操作	○	○	○
ETL	○	×	○
運用管理	○	△	○
規模	中～大規模	小規模	小規模
費用	初期費用が数千万円～。サブスクリプションの場合、年額500万円以上のものが多い	サブスクリプション契約の場合、1台に付き年額100万円程度	すべてオープンソースソフトウェアなので無料

[※1] ETLとはExtract（抽出）、Transform（変換）、Load（読み込み）の頭文字をとったもので、企業内にある様々なデータソース（Excel、CSVファイル、基幹システムのデータベースなど）からデータを抽出し、加工・整形し、データウェアハウスやデータベースにアウトプットするまでを支援するツールです。

[※2] 最近、運用管理機能を別料金で提供するデスクトップ型RPAが増えてきました。しかし、当然ですが自社のRPAしか管理できません。

3.1.3 RPAシステムの構成

業務を完全自動化するのに満たすべき機能をRPAシステムは 図3.2 のようなシステムを組み合わせて実現しています。

1. 人の作業を代行できる機能

デスクトップ型RPAが担います。デスクトップ型RPAツールによってはいろいろな機能を持っていますが、RPAシステムで使うのは「GUIオートメーション機能」のみです。

2. 複雑な製造ラインを実装できる機能

ETLとデータベースを使って実装します。

3. DAFチェーン全体を統制できる機能

運用管理ツールによってDAFチェーン全体を統制します。運用管理ツールには様々な機能がありますが、RPAシステムでは「ジョブ管理」を利用します。

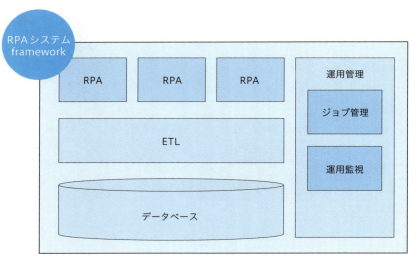

図3.2 RPAシステムフレームワーク

3.2 RPAシステムを構成するソフトウェアと設定

RPAシステムを構成するソフトウェアについて、1つずつ説明していきます。

RPAシステムはRPA、ETL、データベース、運用管理によって構成されていることがわかりました。それぞれに対応するツールは 表3.2 になります。

表3.2 RPAを構成するツール

No	役割	ツール
1	RPA	SikuliX
2	ETL	Pentaho(PDI)
3	データベース	MySQL
4	運用管理	Hinemos

各ツールを1つずつ見ていきましょう。

3.2.1 SikuliX

RPAシステムではSikuliXというOSSのGUIオートメーションツールを採用しています。

SikuliXとは、OpenCV（インテルが開発・公開したオープンソースの画像解析ライブラリ）を利用したGUIオートメーションツールです。操作対象を画像としてマッチングするため、スクリーン上に表示されているものであればアプリケーションの種類を問わず操作することができます。開発環境が付属していますので、画面上のある場所をクリックしたり、テキストボックスに文字入力したりといった、人間が行う作業を記述することが簡単にできます。

Javaの実行環境があればよいので、OSの種類を問わず実行することができます。

公式サイトは以下のとおりです。

● **Sikuli Project**
URL http://www.sikuli.org/

JythonかJRubyというスクリプト言語で記述します。開発環境で簡単な操作を自動で記述させることができますが、それ以上に込み入ったことをさせたい場合は、直接スクリプトを記述すればよいので、プログラミング経験者であれば抵抗なく利用することができます。

SikuliXは、バージョンが上がるごとに、バグが修正されて進化していっていますので、今後も楽しみなオープンソース・ソフトウェアです。

3.2.2 Pentaho

● Pentahoとは

Pentahoはデータを抽出・準備・ブレンドする「データ統合基盤」、統合したデータを分析・可視化する「データ分析基盤」の2つの基盤からなる総合的なBIツールです。2015年にPentahoを米国日立データシステムズが買収し、2017年現在はHitachi Vantaraという会社になっています。

エンタープライズ版は有償ですが、コミュニティー版（CE）は無償で利用できます。

PentahoにはBIに必要なツールが詰まっていますが、RPAシステムではPentahoのPDI（Pentaho Data Integration）というETL機能だけを利用しています[※3]。

ETLとデスクトップ型RPAのできることは重なる部分がありますが、ETLにはデスクトップ型RPAより優れている特徴があります。

1. RPAより処理が早い
2. 安定して動作する
3. バックグラウンドで動く

これらの優れている特徴がありますので、基本的にはRPAシステムはETLを中心に組み立て、デスクトップ型RPAはどうしてもETLでできないGUI操作を行うための補助機能として使います。

Pentahoでは処理をフローにしたがって実行していくことができ、例外が発生した場合の対処も行うことができます。この機能を活かして、工場のラインのよ

※3　PDI自体は、Spoon（ETLの処理をデザインするクライアントツール）、Pan&Kitchen（デザインしたETL処理をバッチ実行するツール）、Carte（ETL処理を実行するサーバー機能）で構成されています。本書ではPDIのことをPentahoと呼んでいます。「Pentahoで作ります」と記述してあるところは、すべて「PentahoのPDIで作ります」ということです。

うに利用することができます。

開発画面も 図3.3 のように可読性が高く、プログラムになじみが薄い人でも中身を理解しやすいものとなっています。

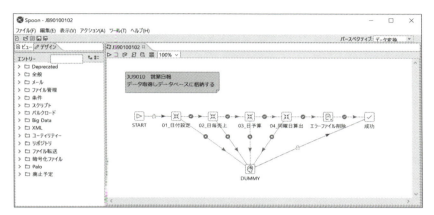

図3.3 Pentaho (PDI) の画面

3.2.3 ETLの基本的な機能

● データ処理機能

実業務ではデータの処理が多く行われています。「店舗コードや商品コードの頭にゼロを付けて桁をそろえる」「店舗コードから店舗名を持って来る」などです。

また、「商品コードの頭が"A"ならば、商品区分に"自社商品"と入れる」といった条件分岐もあります。

ETLにはデータ処理のために、文字コードの変換、特殊文字の置換、フィルタ機能、複数のデータの結合、任意の列の追加、集計（合計値や平均値の算出）等、多くの機能が搭載されています。

● 外部機能との連動

ETLからスクリプト実行（VBScript、JavaScript等）やバッチファイルの呼び出しを行うことで、他のツールを起動することができます。

また、データベースとの連結ができるコネクターと呼ばれる機能が付いていますので、データベースのトランザクションデータやマスタ類を利用して、最終形の成果物を製造していけます。

3.2.4　MySQL

　MySQL（マイエスキューエル）は、世界中で最もよく利用されているオープンソースのデータベースの1つです。高速で使いやすいことが特徴です。

● データベースを利用するメリット

　データベースとは多くのデータを保管でき、高速でデータの追加や読み出しを行うためのツールです。データベースを利用することには以下のようなメリットがあります。

①多くのデータをまとめて管理できる
データが1箇所にまとめられて管理されているため、正確性も増し管理も容易になります。また、複数のユーザーやシステムから利用できるようになります。

②目的のデータを簡単に素早く探すことができる
データベースでは100万件を超えるような大量のデータを素早く扱うことができます。

③データの編集が容易
データベースは複数のデータの集まりによって成り立っています。このデータ同士の関係性（リレーション）を正確に整える仕組みがあります。SQLを使うことで、複数のデータを「つなげる」「フィルタをかける」などの編集を行い、加工されたデータの塊として取り出すことが容易にできます。

　これらのメリットを活かし、RPAシステムに組み込むことで、より柔軟に素早く正確で複雑な成果物を生産できるようになります。

3.2.5　Hinemos

● Hinemosとは

　Hinemosは大規模、複雑化するITシステムの「監視」や「ジョブ」といった「運用業務の自動化」を実現している統合運用管理ソフトウェアです。NTTデータ社が提供しています。

　Hinemosはサーバー監視など多くの機能を持っていますが、RPAシステムで

は、ジョブ管理の機能を利用しています。

● ジョブ管理とは

複数のサーバーやパソコンにあるプログラムの実行を制御したり、その成功／失敗を監視したりすることができます。

RPAシステムにおいてはDAFチェーン全体の稼働状況を監視するツールとして利用します（図3.4）。

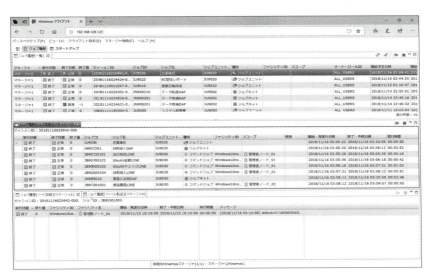

図3.4 DAFチェーンの監視例（Hinemos）

● 専用ツールとタスクスケジューラの違い

ジョブ管理ではなくcron（Linux）やタスクスケジューラ（Windows）などで自動化しているシステムもあります。cronやタスクスケジューラとジョブ管理システムの違いは大きく2つあります。

1. タスクスケジューラでは複数のDAFにまたがった処理ができない

時刻をずらして実行することも考えられますが、1番目のDAFが終了する前に2番目のDAFの実行を開始してしまったり、1番目のDAFで失敗したのに、2番目のDAFを実行してしまったりする危険性があります。これでは正しい成果物を生産することができません。

2. タスクスケジューラでは一元管理できない

ジョブ管理であれば、複数のパソコンやサーバーで実行された処理を1つの画面で管理できるので、DAFチェーン全体の運用管理が容易です。

● Hinemosジョブ管理のシステム構成

Hinemosでは、マネージャ、エージェント、クライアントの3つのパッケージを提供しています。Hinemosは、マネージャサーバー、管理対象ノード、クライアントから構成されます。

クライアントはリッチクライアントとWebブラウザの2つがあります。リッチクライアントの場合、図3.5 の構成になります。Webブラウザの場合、クライアントへのインストールが必要ありませんが、図3.6 のようにマネージャサーバーにWebクライアントサービスをインストールする必要があります。

Webクライアントを使えば、スマートフォンからも運用監視、操作ができます。外出先でもパソコンを立ち上げずにDAFチェーンを運用管理できるようになります。

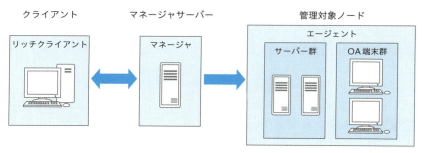

図3.5　Hinemosの構成①

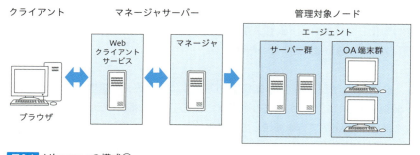

図3.6　Hinemosの構成②

3.3 RPAのインストールと設定

オープンソース・ソフトウェアRPA「SikuliX」をインストールする手順について説明します。

3.3.1 前提条件

　OSはWindows 7からWindows 10を想定しています。Java 7またはJava 8をインストールしておいてください。Javaの最新バージョンは以下のサイトからダウンロードできます。本書ではJava 8をもとに解説します。

- **Java**
  URL https://www.java.com/ja/

　事前に 図3.7 ❶～❼の手順でインストールしてください。なお、本書で扱うSikuliXのバージョンは1.1.1を前提としています。

図3.7 Javaのインストール

次ページへ続く ➡

図3.7 Javaのインストール（続き）

3.3.2 ダウンロード

SikuliXのダウンロードサイトにアクセスし、**図3.8**の「sikulixsetup-1.1.1.jar」をクリックしてください。

- **SikuliXのダウンロードサイト**
  URL https://launchpad.net/sikuli/sikulix/1.1.1

図3.8 SikuliXダウンロード画面

ローカルディスク（C）の直下にRPAというフォルダを作り、sikulixsetup-1.1.1.jarを置きます。

3.3.3 インストール

sikulixsetup-1.1.1.jarをダブルクリックするとインストール確認の「SikuliX-

Setup: question...」画面が表示されます。「はい」をクリックすると（図3.9 ❶）、「SikuliX-Setup」画面が立ち上がります。「1-Pack1…」と「1.Python(Jython)…」にチェックを入れて❷❸、「Setup Now」をクリックします❹[※4]。

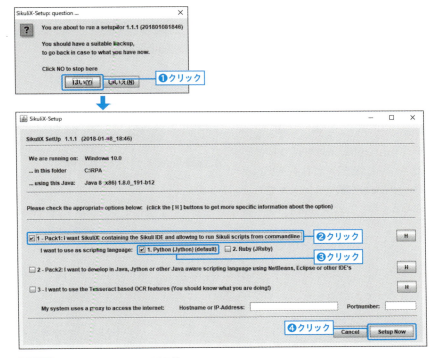

図3.9 SikuliXインストール画面①

図3.10 が立ち上がりますので「はい」をクリックします。

図3.10 SikuliXインストール画面②

※4 JRubyがよいという人は「2. Ruby（JRuby）」を選択してください。本書では「Jython」を選択したものとして解説します。

ダウンロードが終わると 図3.11 が立ち上がりますので「はい」をクリックします。「いいえ」を選択するとJythonの古いバージョンがインストールされてしまいますので注意してください。

図3.11 SikuliXインストール画面③

ダウンロードが終わると 図3.12 が立ち上がりますので「OK」をクリックします。これでインストール完了です。

エクスプローラでC:¥RPAを開いてrunsikulix.cmdを見つけてください（ 図3.13 ）。これをダブルクリックすれば❶、SikuliXが立ち上がります❷。これがSikuliXの開発画面です。

図3.12 SikuliXインストール画面④

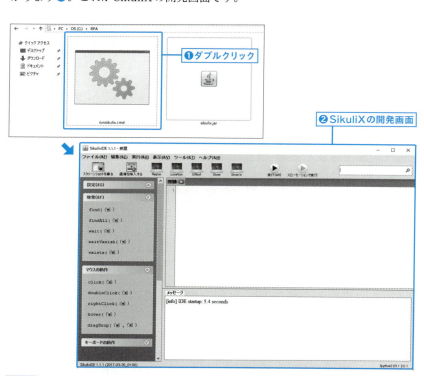

図3.13 SikuliX開発画面

3.3.4 簡単なロボットを作る

SikuliXを使って簡単なロボットを作ってみます。テキストエディタでデスクトップに「demo.txt」を作ってください。中身は空で結構です。このdemo.txtをオープンさせるロボットを作ります。

SikuliXの開発画面を見ると、画面左側に操作コマンドがあります。ここには「設定」「検索」「マウスの動作」といったタブがあります。「マウスの動作」の中には「click()」「doubleClick()」などのコマンドがあり、これを使えばクリックやダブルクリックができる、というのが直感的にわかると思います。

それでは、ロボットの作成を始めましょう。「マウスの動作」の「doubleClick()」をクリックしてください（図3.14 ❶）。

❷のように画面が薄暗くなって、画像が選択できる状態になります。ダブルクリックしたい対象（ここではdemo.txt）をドラッグして範囲指定しながら選択します。

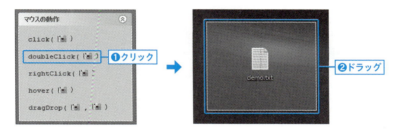

図3.14 ロボット開発①

選択し終わると、図3.15 の画面に戻り、右側のウィンドウにdoubleClick(demo.txtのアイコンの画像) という1行が自動で入ります。

図3.15 ロボット開発②

これだけで、プログラムは終了です。実行する前に、名前を付けて保存しておきます。メニューから「ファイル」（図3.16 ❶）→「名前を付けて保存」を選択し

て❷、「ファイルの場所」を指定して❸、「フォルダ名」を付けて❹(ここでは「demo」としています)、「Save」をクリックします❺。SikuliXはフォルダの形で保存されます。この中に先ほどキャプチャーしたdemo.txtのアイコンの画像やプログラムなどが入っています❻。

図3.16 ロボットの開発③

それでは、実行してみましょう。画面右上の「実行」をクリックしてください（図3.17❶）。

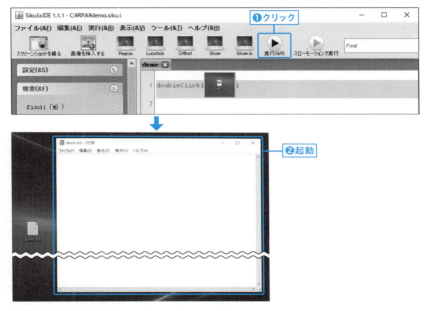

図3.17 ロボット開発④

いかがでしょうか？ マウスが勝手に移動して、ファイルをダブルクリックして、ファイルが立ち上がったことと思います❷。

作成したロボットは、「登録してある画像をデスクトップ上から探し出して、マッチングしたらダブルクリックの処理」を実行しているのです。

ものすごく簡単ですね。後はこの応用になるだけです。このようにして、デスクトップ上の作業をすべて自動化することができます。なおここでは保存先としてわかりやすいように、デスクトップにしています。

3.3.5 本格的なロボットを作る

ここから、実務でよくあるパターンのロボットを紹介します。サンプルプログラムをダウンコードして動かしながら読んでください。あまり、細かいところに気を取られず、とにかく動くロボットを作ることを優先してください。このロボットはChapter4「簡単なRPAシステムを構築する」でも再登場します。

● 前準備をする

❶C:¥RPAの直下に「DemoApplication」という名前のフォルダを作成してください。
❷Windowsアプリケーションは翔泳社の付属データのダウンロードサイトからダウンロードして、先ほど作った「DemoApplication」フォルダの直下に解凍してください。DemoApplication.exeは.NET Framework 3.5以上で動作します。
URL https://www.shoeisha.co.jp/book/download/9784798152394
❸C:¥RPAの直下に「log」という名前のフォルダを作成してください。

準備が終わったら、DemoApplication.exeをダブルクリックして起動すると（図3.18❶）、「Login」画面が表示されます。ユーザー名とパスワードは入れても入れなくても関係なく次に進めます。「OK」をクリックしてください❷。

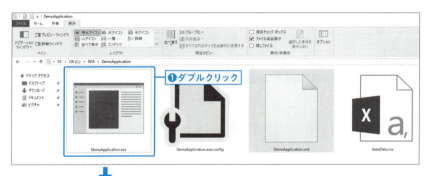

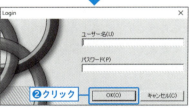

図3.18 デモ画面①

「Demo system for RPA system」が開きます（図3.19）。一番上の「売上データダウンロード」をクリックしてください。

図3.19 デモ画面②

図3.20の売上明細ダウンロード画面が開きます。「ダウンロード」をクリックすると❶、「保存メッセージ」が開くので、「OK」をクリックします❷。「ファイルのダウンロードが完了しました。」と表示されます❸。結果として、C:¥Users¥(ユーザー名)¥DocumentsにSalesData.csvが保存されるようになっています。

図3.20 デモ画面③

● プログラムを作成する

この操作ができるようにSikuliXにプログラムを記述します。

SikuliXで、メニューから「ファイル」(図3.21 ❶)→「新規作成」❷を選択します。メニューから「ファイル」❸→「名前を付けて保存」を選択して❹、「C:¥RPA」の直下を指定し❺、「JB900201.sikuli」という名前で保存します❻❼。

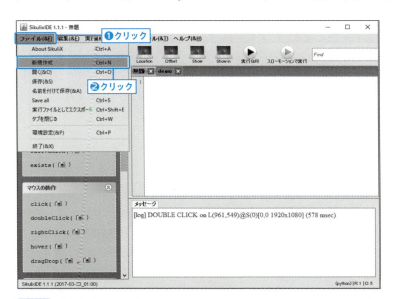

図3.21 プロジェクトの保存

次ページへ続く ➡

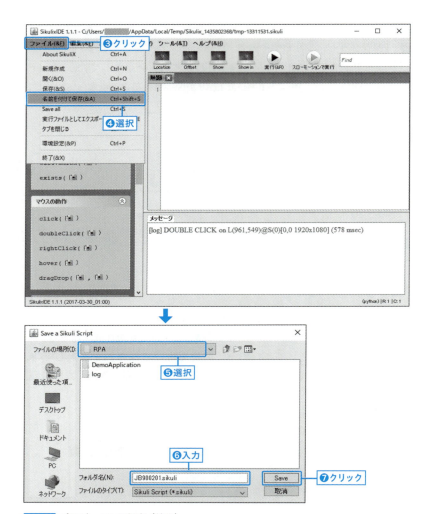

図3.21 プロジェクトの保存（続き）

● プログラムのヘッダー部分

プログラムの最初に共通ライブラリ（P.073の「共通関数ライブラリの準備」を参照）の読み込みやログファイルの設定などを行います（ リスト3.1 ）。なお、ここから紹介するSamlpeコード内の画像は、すべて読者の方のご自身の環境にてスクリーンショットを撮り直す必要があります。

リスト3.1 共通ライブラリの読み込みやログファイルの設定

```python
# -*- coding: utf-8
'''
--------------------------------------------------------
ID : JB900101
アプリケーションの操作
アプリケーションへのログイン
--------------------------------------------------------
'''
import os
import sys
import subprocess
import datetime
reload(sys)
sys.setdefaultencoding('utf-8')

#プログラムIDと関連するパスの設定
programID = "JB900201"   #プログラムID
log_path = os.path.join(os.path.dirname(sys.argv[0]),'log',programID + '.txt')      #ログのパス
ExceptFile = os.path.join('Batch',programID,'Except_' + programID + '.txt')   #例外ファイル
err_file_path = os.path.join('Batch',programID,'Err_' + programID + '.txt')   #エラーファイル

#共通ライブラリの読み込み
mypath = ".\mylib.sikuli"
if not mypath in sys.path:
    sys.path.append(".\mylib.sikuli")
import mylib              #mylibモジュールのimport
reload(mylib)
```

● アプリケーションを開く

デモアプリケーションを開く関数を記述します（**リスト3.2**）。失敗したら、例外ファイルを書き出して終了するように、try…exceptで囲っています。

リスト3.2 デモアプリケーションを開く関数の設定

```python
def OpenSystem( ):
    '''
    デモアプリケーションを直接開く
    '''
    Debug.user("func [OpenSystem]")

    try:
        app1 = os.path.join(os.path.dirname(sys.argv[0]),'DemoApplication','DemoApplication.exe')
        Debug.user("Run application : " + app1)
        subprocess.Popen([app1])
    except Exception, e:
        mylib.ExceptExit(ExceptFile,e)

    #ログイン画面が立ち上がるのを待ちます
    try:
        region_1 = 
        
        with region_1:
            setFindFailedResponse(PROMPT)
            wait( Login ,10)
    except FindFailed, e:
        mylib.ExceptExit(ExceptFile,e)
```

● ログインする

リスト3.3 はログインを行う関数です。ユーザー名とパスワードをINIファイルから読み出して、画面に貼り付けます。

リスト3.3 ログインを行う関数

```
56  def LoginApplication():
57      '''
58      デモアプリケーションにログインする
59      '''
60      Debug.user("func [LoginApplication]")
61
62      try:
63          region_1 = [画像]
64          with region_1:
65              setFindFailedResponse(PROMPT)
66              userid =  mylib.GetValue(programID, "Login","userid")
67              type( ユーザー名(U) , userid)
68              type(Key.TAB)
69              password = mylib.GetValue(programID, "Login","Password")
70              type(password)
71              sleep(1)
72              click( OK(O) )
73              sleep(3)
74      except FindFailed, e:
75          mylib.ExceptExit(ExceptFile,e)
76
```

● メニューを操作する

メニュー画面を操作する関数です（**リスト3.4**）。

リスト3.4 メニューを操作する関数

```
77  def OperateMenu():
78      '''
79      デモアプリケーションのメニューを操作する
80      '''
81      Debug.user("func [OperateMenu]")
82
83      try:
84          region_1 = [画像]
85          with region_1:
86              setFindFailedResponse(PROMPT)
87              click( 売上データダウンロード )
88              sleep(1)
89      except FindFailed, e:
90          mylib.ExceptExit(ExceptFile,e)
91
```

setFindFailedResponse（PROMPT）を入れておくと、目的の画像が見つから

なかった場合に 図3.22 のポップアップ画面が表示されます。

画像が見つかる状態にしてリトライするか、処理を中止するかなどを選択することができます。画像が見つからなかった時にポップアップ画面を表示させず、エラーとして処理したい場合はsetFindFailedResponse（PROMPT）を設定しないようにしてください。

図3.22 画像が見つからない場合の画面

● ダウンロードする

ダウンロード画面を操作する関数を作ります。月初1日[※5]の日付と昨日の日付を算出して、期間テキストボックスに入力する仕様にしています（ リスト3.5 ）。

リスト3.5 ダウンロード画面を操作する関数

```
def DownloadData():
    '''
    ダウンロード画面の処理
    '''
    Debug.user("func  DownloadData]")
    try:
        region_1 = 

        with region_1:
            #月初から昨日までの日付を入れる
            today = datetime.datetime.today()   #当日
            #昨日の日付
            yesterday = today + datetime.timedelta(days=-1)
            #月初の日付
            FirstDate = datetime.datetime(yesterday.year,yesterday.month,1)

            setFindFailedResponse(PROMPT)
            click(        期間 :       )
            s1 = FirstDate.strftime("%Y/%m/%d")
            paste(s1)
            type(Key.TAB)
            s2 = yesterday.strftime("%Y/%m/%d")
            paste(s2)
            sleep(1)

            click(     ダウンロード     )
            sleep(1)
            click(       OK        )
            sleep(2)
            click(       OK        )
            sleep(1)

    except FindFailed, e:
        mylib.ExceptExit(ExceptFile,e)
```

※5 月初1日（げっしょついたち）：1月なら1月1日のこと。

● アプリケーションを終了する

　リスト3.6 はデモアプリケーションを終了する関数です。アプリケーション終了操作は画面の「×」を使わず、ショートカットキーを使いました。画像を使わなくてもできる操作はなるべくショートカットキーを使ったほうが確実に動きます。画像はOSの設定などでも変わる可能性があるからです。

リスト3.6 アプリケーション終了の関数

```
127  def CloseApplication():
128      '''
129      デモアプリケーションを終了する
130      '''
131      Debug.user("func [CloseApplication]")
132  
133      try:
134          region_1 = 　　　　　　　　　
135          with region_1:
136              setFindFailedResponse(PROMPT)
137              click(　閉じる　　　　　　　　)
138              click(　Demo system for RPA system　)
139          sleep(1)
140          type("f",KEY_ALT)
141          sleep(1)
142          type("x")
143          sleep(1)
144      except FindFailed, e:
145          mylib.ExceptExit(ExceptFile,e)
```

● 関数を呼び出す

　リスト3.7 はこのプログラムのスタート部分を記述しています。ここから各関数を呼び出します。

　3.3.4項の「簡単なロボットを作る」では関数を使わずに記述しました。単純な処理だけならよいですが、少し処理が長くなると関数化したほうがメンテナンス性もよくなります。

　「if __name__ == "__main__":」と書いておくと、直接このスクリプトファイルが実行された時だけ、その下の処理が実行されます[※6]。

※6　他のスクリプトファイルから呼び出された場合は実行されません。

リスト3.7 スタート部分の記述

```
148  if __name__ == "__main__":
149      Debug.user("System start")
150      Debug.user("[current directory]" + os.path.dirname(sys.argv[0]))
151      os.chdir(os.path.dirname(sys.argv[0]))    #カレントパスをインストールしたパスにする
152      type("m",KEY_WIN)    #全画面を最小化する
153
154      OpenSystem()
155      LoginApplication()
156      OperateMenu()
157      DownloadData()
158      CloseApplication()
159
160
```

● 共通関数ライブラリの準備

共通関数のライブラリを用意します。プログラム名は「mylib.sikuli」とし、「C:¥RPA」の直下に保存します。

リスト3.8 のGetValue()関数は「JBXXXX.sikuli」フォルダの直下にあるINIファイル（setting.ini）からデータを取得する関数です[※7]。ログイン画面でユーザー名とパスワードを取得する時に使っています。

リスト3.8 GetValue()関数

```
1   #!/usr/bin/env python
2   # -*- coding: utf-8
3   import ConfigParser
4   import os
5   import sys
6   reload(sys)
7   sys.setdefaultencoding('utf-8')
8
9   from sikuli import *
10  def GetValue(iniid, section, key):
11      '''
12      設定ファイルの特定セクションの特定のキー項目（プロパティ）の内容を表示する
13      '''
14      Debug.user("func [GetPassword]")
15      # 設定ファイル読み込み
16      INI_FILE = "C:\\RPA\\"+iniid+".sikuli\\setting.ini"
17      ini = ConfigParser.SafeConfigParser()
18      if os.path.exists(INI_FILE):
19          ini.read(INI_FILE)
20      else:
21          sys.stderr.write('%s が見つかりません' % INI_FILE)
22          sys.exit(2)
23      #print '%s.%s =%s' % (section, key, ini.get(section, key))
24      return ini.get(section, key)
25
```

リスト3.9 は例外処理を記述した関数です。エラーログをC:¥RPA¥logの直下に書き出します。

※7　INIファイルは自動では作成されませんので、手で作成してください。サンプルプログラムには含めています。

リスト3.9 例外処理を記述した関数

```
42  def MakeExceptFile(ExceptFileName):
43      '''
44      ECサイトでファイルが無かった場合の共通の例外処理
45      エラーファイルを作成する
46      '''
47      #エラーファイルを作成する
48      str = u"エラーが発生しました"
49      f = open(ExceptFileName,'w')  #書き込みモードで開く
50      f.write(str)   #書き込む
51      f.close()   #ファイルを閉じる
52
```

　これでプログラムは完成です。実際に動くかどうかテストしてください。

　なお、サンプルプログラムはそのままでは動かない場合が多いです。サンプルプログラムが作られた環境やディスプレイ解像度と読者の方の環境が異なるためです。その場合の対応方法は**7.6節**のMEMO**「サンプルプログラム変更のポイント」**を参照してください。

3.4 データベースのインストールと設定

MySQLをインストールしてください。本書の開発環境はMySQL 5.7です。

3.4.1 ダウンロード

MySQLのサイトにアクセスしてください（ URL http://www-jp.mysql.com/）。図3.23の画面が表示されますので「ダウンロード」をクリックしてください。

図3.23 MySQLダウンロード画面①

画面が遷移します。下のほうにスクロールすると、MySQL Community Editionがあります。「Community(GPL)Downloads」をクリックしてください。画面が遷移します。MySQL Community Server(GPL)の「DOWNLOAD」をクリックしてください。

Download MySQL Community Serverの画面に遷移します（図3.24）。下にスクロールして、「Select Operating System」コンボボックスの右側にある「Looking for previous GA versions?」をクリックします❶。「MySQL Community Server 5.7 24」のバージョンが表示されます。本書の開発環境はMySQL 5.7なので、「Select Version」で「5.7.24」を選択します❷。Windows環境で開発していますので、「Select Operating System」で「Microsoft Windows」を選択します❸。「Select OS Version」で「Windows (x86, 64-bit)」を選択して❹、「Go to Download Page」をクリックしてください❺[※8]。

※8 本書執筆時点（2018年11月現在）における最新バージョンは8.0.13です。RPAシステムはバージョン5.7を使って動作確認しています。

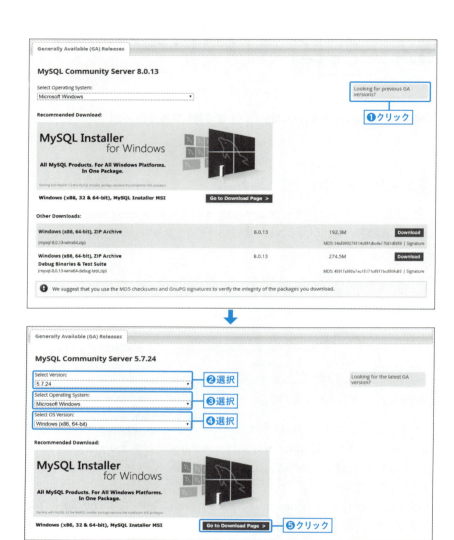

図3.24 MySQLのダウンロード画面②

　遷移した画面の下のほうにスクロールすると 図3.25 が現れます。インストーラーは32bitですが、64bit環境でもこのインストーラーが使用できます。上のほうの「Download」はインターネット経由で必要なファイルをダウンロードしながらインストールするタイプです。ここでは、下にあるダウンロードしてからインストールするタイプのほうの「Download」をクリックします❶。

　画面が遷移するので、画面下部にある「No thanks, just start my download.」

と書かれたリンクをクリックしてください❷。任意の場所にダウンロードしてください。mysql-installer-community-5.7.24.0.msiというファイルがダウンロードされればOKです。

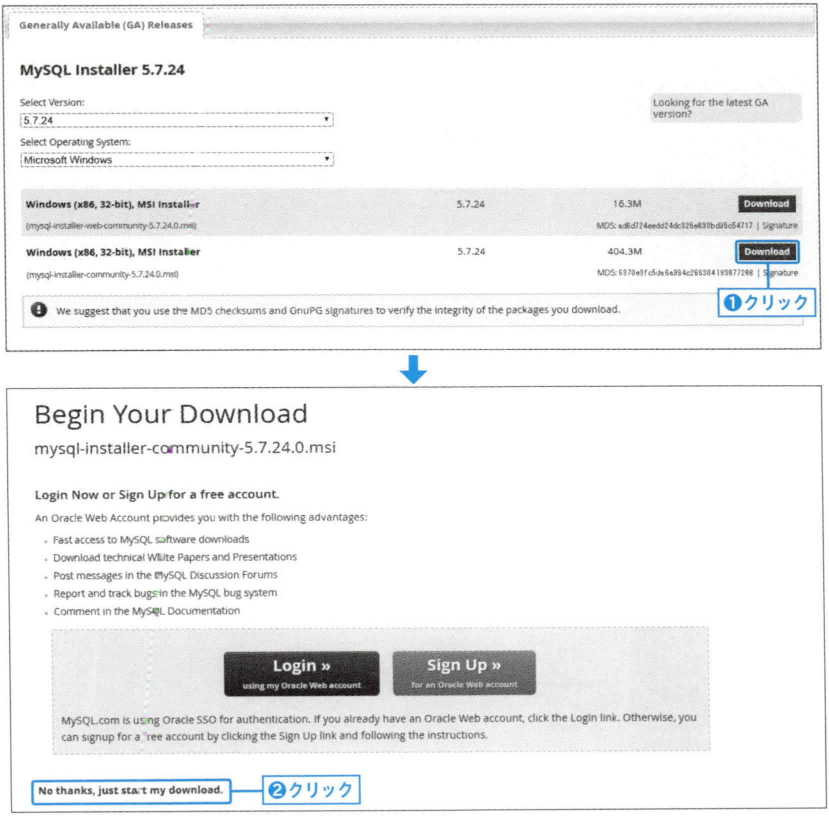

図3.25 MySQLダウンロード画面③

3.4.2　インストールと設定

● MySQLのインストール

　インストーラー（mysql-installer-community-5.7.24.0.msi）を起動すると、ユーザーアカウント制御画面が2回出ます。意図したものか確認して「はい」をクリックすると「License Agreement」画面が表示されます。「I accept the license terms」の左側にあるチェックボックスにチェックを入れて（**図3.26**❶）、

「Next」をクリックします❷。「Choosing a Setup Type」画面が表示されます。「Full」を選択して❸、「Next」をクリックします❹。「Check Requirements」画面が表示されます（StatusがManual（手動）の項目は自動ではインストールされないことを示しています）。内容を確認して「Excecute」をクリックします❺。

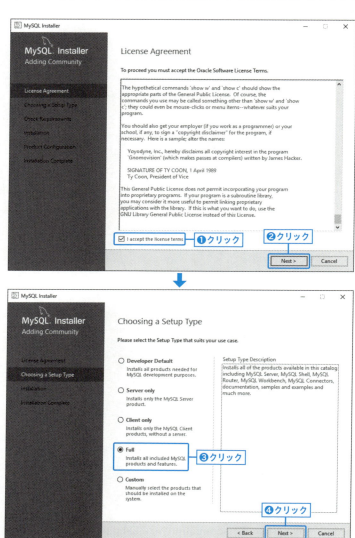

図3.26 MySQLインストール画面①　　　　　　　　　　　　　　　次ページへ続く ➡

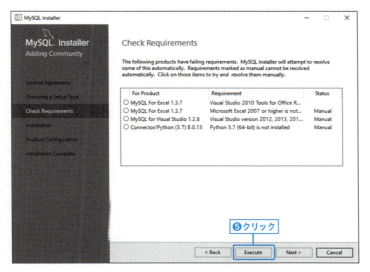

図3.26 MySQLインストール画面①（続き）

「Welcome to Microsoft Visual Studio Tools for Office Runtime 2010 Setup」画面で「Microsoft Visual Studio Tools for Office Runtime 2010」のインストールが完了したら（**図3.27** ❶❷）、「Check Requirements」画面で「Next」をクリックします❸。「インストールされていないソフトウェアがあるが次に進んでよいか」と聞かれますので、「Yes」をクリックします❹（利用しているパソコンで初期環境にExcelとVisual Studioは入っていない場合、このオプションが表示されません）。「Installation」画面が表示されます。これでインストールの準備が整いました。「Execute」をクリックすると❺、インストールが始まります。しばらくたってStatus列がすべてCompleteになればインストールは完了です。「Next」をクリックします❻。

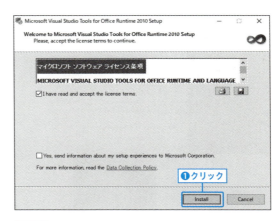

図3.27 MySQLインストール画面②　　次ページへ続く➡

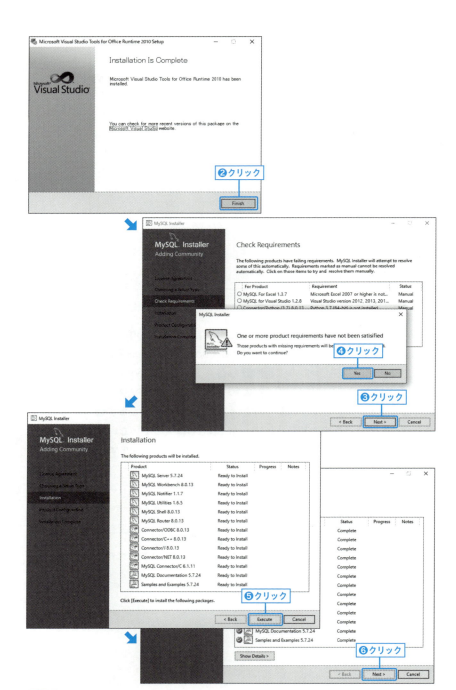

図3.27 MySQLインストール画面②(続き)

MySQLの設定

続いてMySQLの設定になります。「Product Configuration」画面で「Next」をクリックします（図3.28 ❶）。「Group Replication」画面では「Standalone My SQL Server/Classic MySQL Replication」を選択して❷、「Next」をクリックします❸。

「Type and Netwcrking」画面では、Config Typeで「Development Computer」を選択します❹。「Port」はそのまま「3306」を使用します❺。なお別のアプリケーションがこのポートを使用している場合は変更して、「Next」をクリックします❻。

「Accounts and Roles」画面が表示されます。管理者であるrootユーザーのパスワードを設定します❼。「Add User」よりDB Admin権限のユーザーアカウントを作成し❽～❿、「Next」をクリックします⓫。

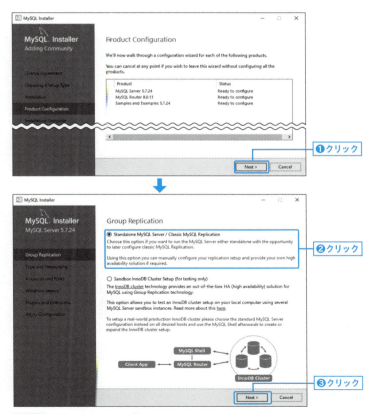

図3.28 MySQL設定画面①

次ページへ続く ➡

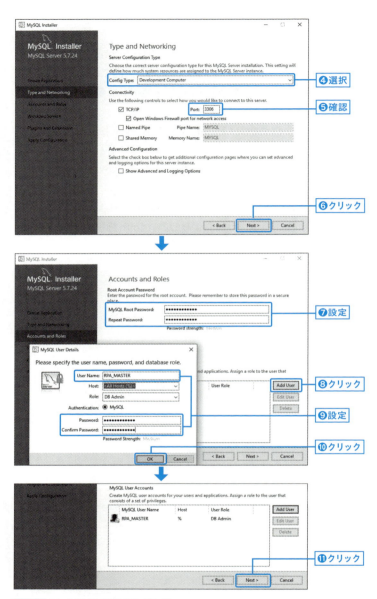

図3.28 MySQL設定画面①(続き)

「Windows Service」画面が表示されます。「Configure MySQL Server as a Windows Service」にチェックを入れます（図3.29 ❶）。Windows Service名を入力できますが、特に理由がなければデフォルトのままにします❷。

「Start the MySQL Server at System Startup」にチェックを入れておくと、Windows OSの起動時にMySQLサーバーが起動します。チェックを入れたままにします❸ 。「Standard Sysytem Account」を選択して❹、「Next」をクリックします❺。

「Plugins and Extensions」画面は設定を変えず「Next」をクリックします❻。

「Apply Configuration」画面が表示されますので、「Execute」をクリックし、設定を適用させます❼。適用後に「Finish」をクリックします❽。

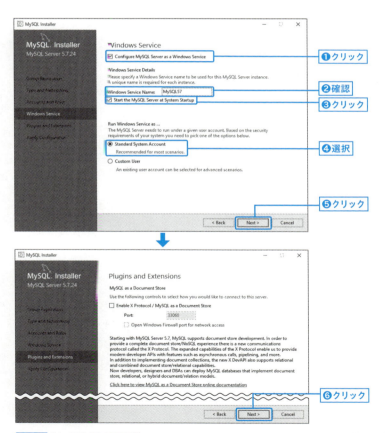

図3.29 MySQL設定画面②　　　　　　　　　　　　　　次ページへ続く ➡

図3.29 MySQL設定画面②（続き）

「Product Configuration」画面に戻ります。「Next」をクリックします（図3.30❶）。

「MySQL Router Configuration」画面が表示されます。MySQLルーターは使用しませんので、デフォルトのまま「Finish」をクリックしてください❷。

再び「Product Configuration」画面に戻りますので「Next」をクリックします❸。

「Connect To Server」画面が表示されます。MySQLサーバーへの接続テストを行います。Passwordに先ほど設定したrootユーザーのパスワードを入力し❹、「Check」をクリックしてください❺。「All connections succeeded.」と表示されれば成功です❻。「Next」をクリックします❼。

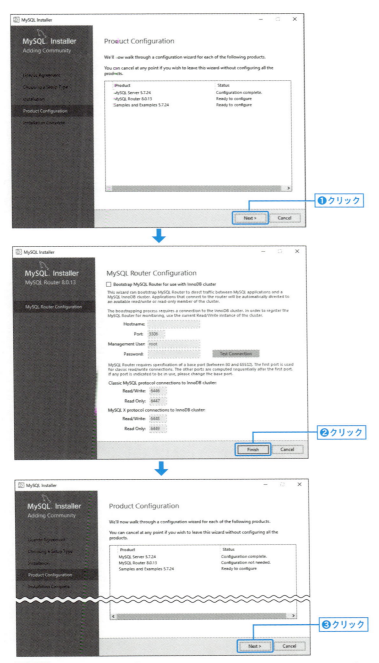

図3.30 MySQL設定画面③

次ページへ続く ➡

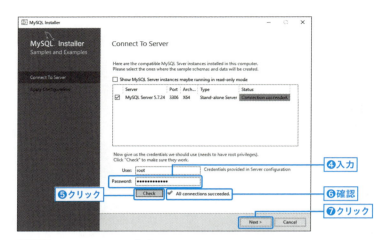

図3.30 MySQL設定画面③（続き）

「Apply Configuration」画面が表示されますので、「Execute」をクリックし（図3.31❶）、設定を適用させます。適用後「Finish」をクリックします❷。

「Product Configuration」画面に戻りますので「Next」をクリックします❸。「Installation Complete」画面が表示されるので「Start MySQL Workbench after Setup」にチェックが入っていることを確認して❹、「Finish」をクリックします❺。ワークベンチの「Welcome to MySQL Workbench」画面が表示されます❻。これで設定は完了です。

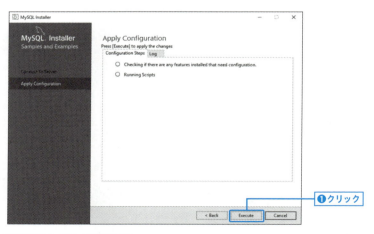

図3.31 MySQL設定画面④

次ページへ続く ➡

図3.31 MySQL 設定画面④（続き）

3.5 ETLのインストールと設定

Pentahoのインストールを行います。

3.5.1　前提条件

OSはWindows 7、Windows 8.1、Windows 10を想定しています。

事前にJava 7またはJava 8をインストールしておいてください。Javaの最新バージョンは「3.3.1　前提条件」を参照してください。

3.5.2　ダウンロード

本書執筆時点（2018年11月現在）、Pentahoの最新バージョンは7.1です。RPAシステムで検証しているバージョンは6.0です。

- **Hitachi Vantara｜Pentaho**
  URL　https://sourceforge.net/projects/pentaho/files/Data%20Integration/6.0/

pdi-ce-6.0.1.0-386.zipをダウンロードして、任意の場所に保存してください。

3.5.3　インストール

Cドライブの直下に「pentaho」というフォルダを作ってください。

ダウンロードしてきたzipファイルを解凍すると、「data-integration」というフォルダが入っているので、これをC:¥pentahoに移動してください（図3.32）。

図3.32　Pentahoのインストール

インストールは、これで完了です。

3.5.4 起動

C:¥pentaho¥data-integrationの下に多くのファイルがあります。その中のSpoon.batというファイルが、ETLを起動させるバッチです（図3.33）。

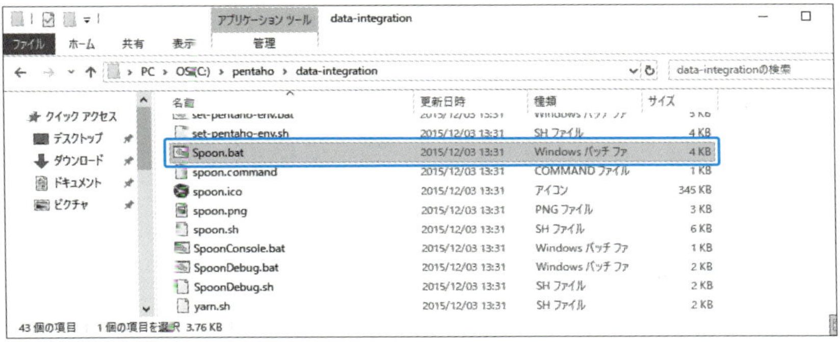

図3.33 pentaho直下のファイル

ダブルクリックして図3.34の画面が立ち上がれば成功です[9]（WindowsDefenderのファイアーウォールにブロックされる場合は、「プライベートネットワーク…」と「パブリック…」にチェックを入れて「アクセスを許可」をクリックしてください）。

図3.34 Pentahoの初期画面

---

[9] 立ち上がらない時はJavaのパスが通っていない可能性があります。パスを通す最も確実な方法はコンピュータの環境変数「PENTAHO_JAVA_HOME」にjava.exe（javaw.exe）へのフルパスを指定する方法です。その他にPentaho専用のJAVAを持たせる方法もあります。「data-integration」フォルダ内にjavaやjreという名前でJavaのランタイムを入れておきます。

3.5.5　ETL操作を試そう

　Pentaho（Spoon）の画面が立ち上がったところで、さっそくETL処理を作ってみましょう。CSVファイルをデータソースとして、集計し、CSVファイルとしてアウトプットする流れです。

● 前準備

　C:¥pentahoの直下に「JOB」というフォルダを作成し、JOBの中に「user99」というフォルダを作成してください。図3.35のようになります。

```
C
 └pentaho
    └JOB
       └user99
```

図3.35　Pentahoのフォルダ構成

　インプットとして、Chapter3の3.3.5項「本格的なロボットを作る」でSikuliXにダウンロードさせたSalesData.csvを使います。SalesData.csvはC:¥Users¥(ユーザー名)¥Documentsに入っているはずです。このファイルをそのまま使用します。

　それでは、これから、SalesData.csv（図3.36）を開いて、項目数を減らした後、店舗CDをキーに売上金額を集計し、別名でCSV保存するETL処理を記述していきます。

商品CD	売上日付	店舗CD	売上数量	上代	売上金額	伝票No	枝番
65EP101500CI	2017/11/1	1025	1	8000	8000	110250001	1
2DBQB0155AHD	2017/11/1	1025	1	1000	1000	110250002	1
2DBQB0234316	2017/11/1	1025	1	2700	2700	110250002	2
2DBQA28243HD	2017/11/1	1025	1	2500	2500	110250002	3
2P10A3120000	2017/11/1	1025	1	500	500	110250002	4
2JRR11223409	2017/11/1	1025	1	7000	7000	110250003	1
22FR00779521	2017/11/1	1025	1	13000	3900	110250004	1
22FR85053921	2017/11/1	1025	1	13000	3900	110250004	2
25E0B0050000	2017/11/1	1025	1	9000	9000	110250005	1
21EWA9000200	2017/11/1	1025	1	3000	3000	110250006	1

図3.36　SalesData.csvのイメージ

● ジョブの作成

Pentahoの画面左上の「新規」をクリックし（図3.37 ❶）、「ジョブ」を選択します（❷）。

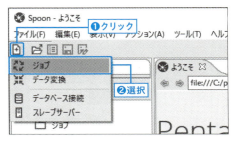

図3.37 新規追加

図3.38 のように画面右側のウィンドウに「ジョブ1」というタブが新規作成されます。

図3.38 ジョブの追加

「デザイン」タブ（図3.39 ❶）から「全般」を開き❷、「START」「データ変換」「成功」の各ステップを画面右側のウィンドウにドラッグ＆ドロップします（❸❹❺）。

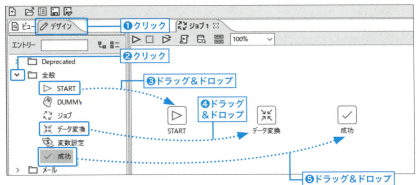

図3.39 ステップの追加

「START」ステップにカーソルを合わせると、図3.40のように、ポップアップが表示されます。矢印マークの出力コネクタをクリックして❶、表示された矢印を「データ変換」ステップまでドラッグ＆ドロップします❷※10。

図3.40 ステップをつなぐ

同様に「データ変換」ステップから矢印マークの出力コネクタを「成功」ステップまでつなぐと図3.41のようになります。

図3.41 ジョブの完成

ここまで作成したら、名前を付けて保存します。保存先は先ほど作った「user99」フォルダで、名前はJB90021001.kjbとします（図3.42 ❶～❺）※11。保存したら、このジョブを閉じておきます。

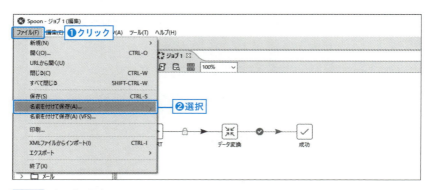

図3.42 ジョブの保存　　　　　　　　　　　　　　　　　　　　次ページへ続く➡

※10　[Shift]キーを押しながら、ドラッグ＆ドロップしてもかまいません。
※11　このジョブはChapter4でも使用しますので、この名前にしています。

図3.42 ジョブの保存（続き）

● データ変換の作成

次に画面左上の「新規」のボタンをクリックし（**図3.43 ❶**）、「データ変換」を選択します❷。画面右のウィンドウに「データ変換1」というタブが新規作成されます❸。

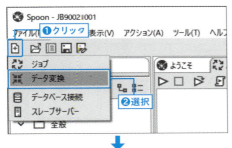

図3.43 データ変換1の新規作成

左側の「デザイン」タブ内の「入力」を開き（**図3.44 ❶**）、「CSV入力」を「データ変換1」のウィンドウにドラッグ＆ドロップします❷。

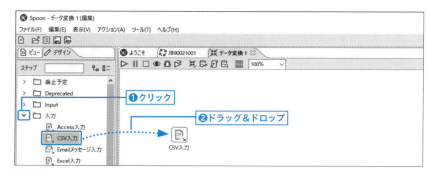

図3.44 データ変換1へステップの追加

ドラッグ&ドロップした「CSV入力」ステップをダブルクリックしてください。図3.45のポップアップ画面が立ち上がります。「ファイル名」に「C:¥User¥(ユーザー名)¥Documents¥SalesData.csv」と入力してください❶（もしくは「参照」から「PC」→「ドキュメント」の順にフォルダを開いて選択してください）。

「フィールドを取得」をクリックしてください❷。「サンプル・サイズ」画面が立ち上がります。サンプルレコード数を入力できますが、「100」のまま変更せずに「OK」をクリックしてください❸。「スキャン結果」画面が表示されますので「閉じる」をクリックして❹、画面を閉じます。

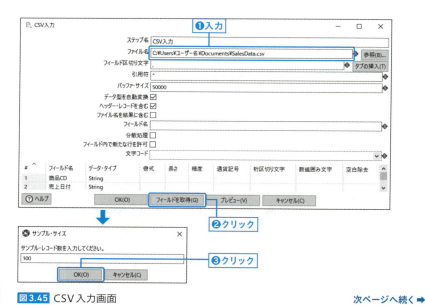

図3.45 CSV入力画面

次ページへ続く➡

図3.45 CSV入力画面（続き）

すると図3.46❶のように項目名、データタイプなどが自動で取得されます。「プレビュー」をクリックすると❷、正しく読み込めていることが確認できます。「OK」をクリックしてください❸。「プレビューデータ調査」画面が表示されて確認できます。「閉じる」をクリックして閉じます❹。

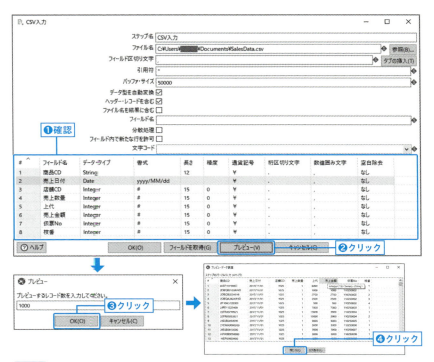

図3.46 プレビューでレコード数を確認する

次に項目数を減らしてみましょう。「デザイン」タブ内の「変換」を開き、「選択/名前変更」を「データ変換1」のウィンドウにドラッグ＆ドロップします（図3.47 ❶）。「CSV入力」ステップの出力コネクタを「選択/名前変更」ステップにドロップしてください。ドロップの時に選択メニューが表示されますので「ステップのメインアウトプット」を選択してください❷。すると❸のようになります。

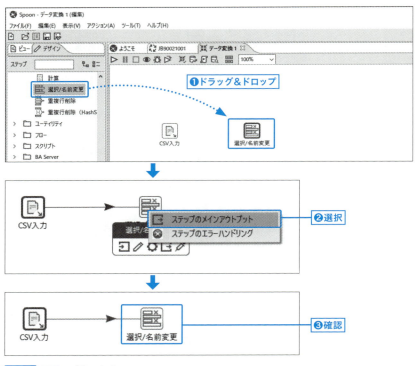

図3.47 ステップをつなぐ

「選択/名前変更」ステップをダブルクリックすると、図3.48 の「値選択」画面が立ち上がります。「選択フィールド」タブが開いている状態で「フィールドの選択」をクリックしてください❶。「選択フィールド」のフィールド欄にCSVファイルの項目がすべて表示されます❷。

必要のない行を選択して、[Delete]キーを押してください。選択された行が削除されます。フィールドのプルダウンメニューを使い順番を入れ替えて❸❹、❺の状態にして、「OK」をクリックしてください❻。

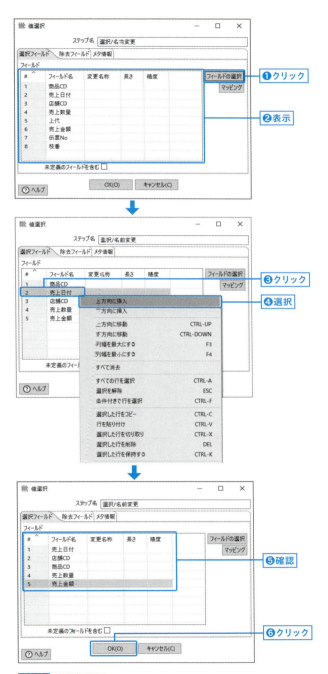

図3.48 値選択画面

店舗CDで集計する前に、店舗CDの昇順で並べ替えます。「選択／名前変更」ステップと同様に「変換」の「行整列」ステップを使います（図3.49❶❷）。フィールド名のプルダウンから「店舗CD」を選択します❸。「昇順で並替え」は「Y」、「大文字と小文字を区別する」は「N」、「事前ソート」は「N」を選択します❹。「OK」をクリックします❺。

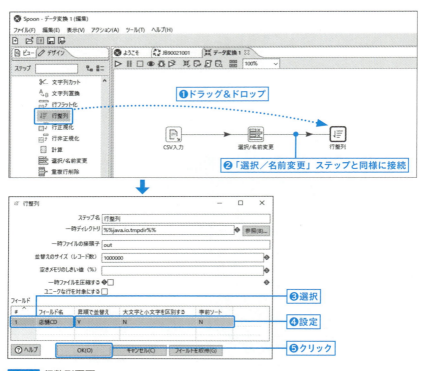

図3.49 行整列画面

　次に店舗CDをキーに集計します。「デザイン」タブ内の「統計」を開き、「グループ化」ステップを「データ変換1」のウィンドウにドラッグ＆ドロップします（図3.50❶❷）。「フィールド（グループ）」の「フィールド名」のプルダウンから「店舗CD」を選択してください❸。次に「フィールド（集計）」で「参照フィールドを取得」をクリックして❹、フィールドを追加します。❺を参考にして項目を削除してください。演算子として「合計」をプルダウンメニューから選択します❻。「OK」をクリックします❼。

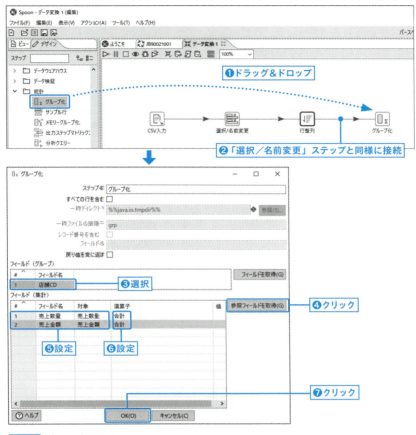

図3.50 グループ化画面

　グループ化の設定を完了させると 図3.51 の「警告」画面が出る場合があります。「店舗CDのキーで集計されますが、店舗CDで昇順または降順でソートされていないと正しく集計されませんよ」ということです。この例では昇順でソートされていますので、「了解」をクリックしてください。

図3.51 ソートの警告

最後にCSVファイルにデータ出力します。「デザイン」タブ内の「出力」を開き、「テキストファイル出力」ステップを「データ変換1」のウィンドウにドラッグ＆ドロップします（図3.52 ❶❷）。「グループ化」ステップの出力コネクタを「テキストファイル出力」ステップにドラッグ＆ドロップしてください。

「テキストファイル出力」ステップをダブルクリックして「ファイル」タブを開き❸、ファイル名を「C:¥pentaho¥JOB¥user99¥JB9002100101」という名前にします❹。ファイル名には拡張子の「.csv」は付けず、拡張子のボックスに「csv」と入力してください❺。「OK」をクリックします❻。

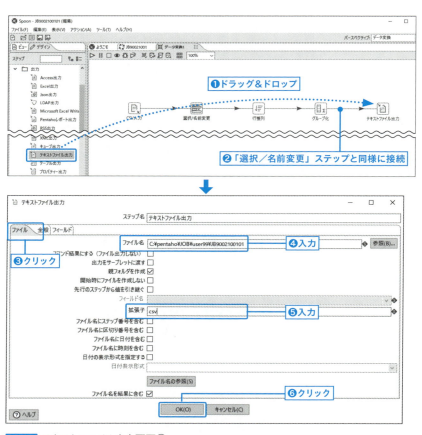

図3.52 テキストファイル出力画面①

図3.53のように「全般」タブを選択し❶、区切り文字を「;」から「,」に変更します❷。「OK」をクリックしてください❸。これで完了です。メニューから「ファイル」を選択して❹、「名前を付けて保存」を選択し❺、C:¥pentaho

¥JOB¥user99のフォルダ❻に、「JB9002100101.ktr」という名前を付けて❼、「保存」ボタンをクリックしてください❽。

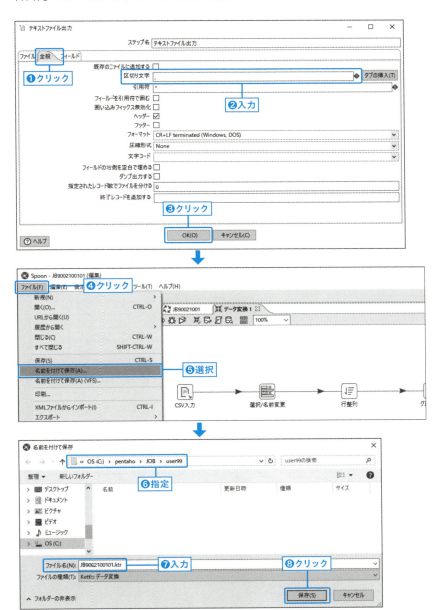

図3.53 テキストファイル出力画面②

それでは、実行してみましょう（名前を付けて保存したのでタブ名は「データ変換1」から「JB9002100101」に変更されています）。タブの左側の「実行」をクリックしてください（図3.54❶）。「データ変換の実行」画面で「実行」をクリックします❷。正常に完了したステップには緑のチェックマークが付きます❸。

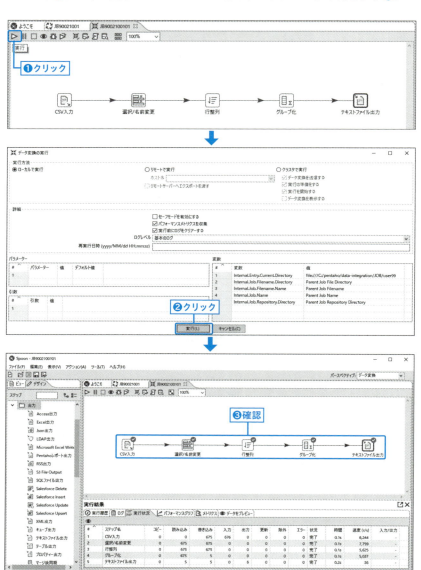

図3.54 データ変換の実行

「user99」のフォルダを確認してください。「JB9002100101.csv」というファイルができています。中身を確認すると 図3.55 のように店舗CDで合計されたデータが生成されていることがわかります。

店舗CD	売上数量	売上金額
1025	138	996068
1029	57	365700
1031	228	1783920
1035	131	1523900
1038	117	732780

図3.55 完成したCSVファイル

● ジョブからデータ変換を動かす

最初に作成したジョブ「JB90021001」を開いて（図3.56 ❶）、「データ変換」ステップをダブルクリックしてください❷。「変換ジョブの詳細」タブをクリックして❸、「実行するジョブをファイルから選択」のボタンをクリックし❹、データ変換ファイル名に「JB9002100101.ktr」を指定します❺。「OK」をクリックしてください❻。

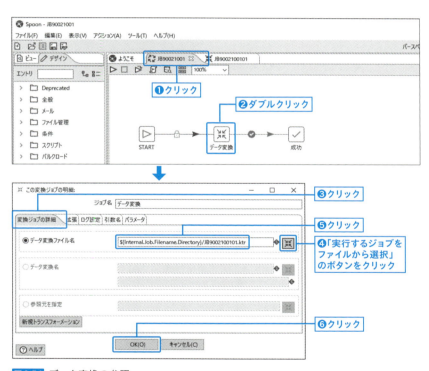

図3.56 データ変換の参照

ここまでできたら、「上書き保存」をクリックして（図3.57 ❶）、「実行」をクリックしてください❷。「ジョブの実行」画面が表示されますので、「実行」をクリックしてください❸。正常に実行されるとステップのアイコンに❹のように緑のチェックが付きます。

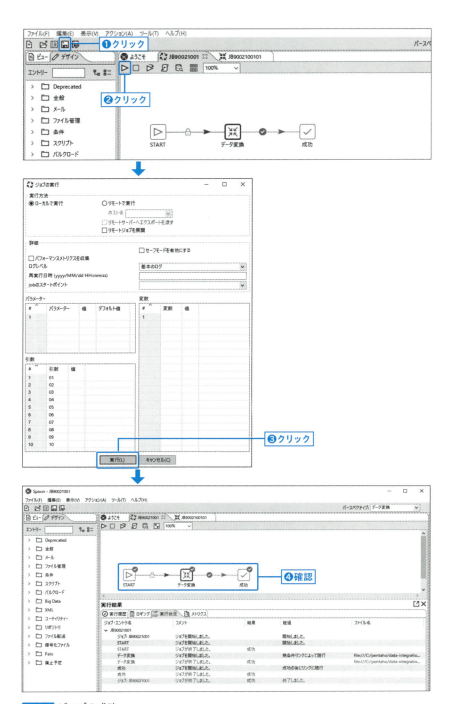

図3.57 ジョブの成功

先ほどと同様に「user99」フォルダに「JB9002100101.csv」ができていることを確認してください MEMO参照 。

 MEMO

ジョブとデータ変換の関係

筆者は、この例のようにジョブの下にデータ変換が入っている形を基本としています。ジョブの中にジョブを入れることもできますが、複雑になるとメンテナンス性が落ちますし、他の人に引き継ぐのが難しくなるので避けます。
ただし、データ変換の中にデータ変換を入れなくてはならないケースがたまに発生します。

3.6 運用管理のインストールと設定

運用管理のソフトウェアをインストールして設定をしてみましょう。手順が多く、時間がかかりますが、1ステップずつ確実に実行してください。

運用管理ツールHinemosをインストールします。お手元のWindows端末に図3.58のマネージャとエージェント環境を作り、実際に動かしてみましょう[※12]。

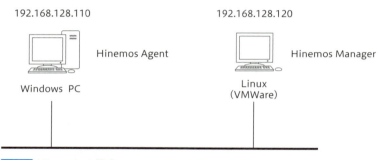

図3.58 Hinemosの構成

3.6.1 Hinemos Managerのインストール

さっそく「Hinemos ver.6.0入門編❶ Hinemos ver.6.0を使ってみよう」（ URL http://www.hinemos.info/ja/technology/nttdata/2017033001 ）を参考にして運用監視の親機となるマネージャサーバーの設定にいきたいところですが、手元にLinuxサーバーがある方は少ないと思います MEMO参照 。

手元にWindows 7〜Windows 10のパソコンがある前提で、マネージャサーバーを構築してみましょう。

※12 端末のIPアドレスは読者の方の環境に合わせて読み替えてください。

> **MEMO**
>
> ### Hinemos Managerの動作環境と推奨スペック
>
> 動作環境と推奨スペックは以下のサイトに載っています。
>
> ● **Hinemosの動作環境**
> URL http://www.hinemos.info/ja/hinemos/env/requirements
>
> 無償で使えるOSはRed Hat Enterprise Linux 7とCentOS 7です。他のOSはサブスクリプションにより提供されています。

● VMware Playerのダウンロード

以下のVMwareのサイトにアクセスしてください。

● **ダウンロード VMware Workstation Player**
URL https://my.vmware.com/jp/web/vmware/free#desktop_end_user_computing/vmware_workstation_player/14_0

図3.59の画面から「マイナーバージョン」で「14.1.1」を選択し❶、「VMware Workstation 14.1.1 Player for Windows 64-bit Operating Systems」の右の「ダウンロード」をクリックして❷、インストーラー（VMware-player-14.1.1-7528167.exe）をダウンロードしてください。

図3.59 VMWare Playerのインストーラーのダウンロード

● VMWare Playerのインストール

　ダウンロードしたインストーラー（VMware-player-14.1.1-7528167.exe）をダブルクリックして「VMWare Workstation 14 Player セットアップ」ウィザードを起動して、「VMWare Workstation 14 Player セットアップウイザードへようこそ」画面で「次へ」をクリックします（図3.60 ❶）。「使用許諾契約書」で「使用許諾契約書に同意します」を選択し❷、「次へ」をクリックします❸。「拡張キーボードドライバ……」を選択し❹、「次へ」をクリックします❺。「ユーザーエクスペリエンスの設定」画面と「ショートカット」画面はデフォルトのまま「次へ」をクリックしてください❻❼。

　「Vmware Workstation 14 Playerのインストール準備完了」画面で「インストール」をクリックします❽。インストールが完了すると「Vmware Workstation 14 Playerセットアップウィザードが完了しました」画面が表示されるので「完了」をクリックします❾。システムの再起動を求める画面が表示されますので、「はい」をクリックして❿、再起動してください。

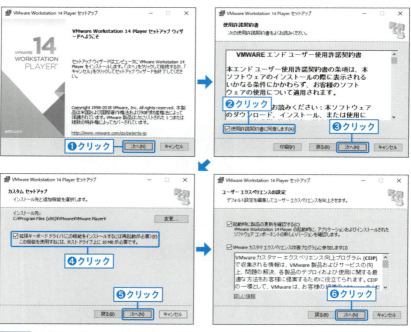

図3.60 VMWarePlayerのインストール　　　　　　　　　　　次ページへ続く ➡

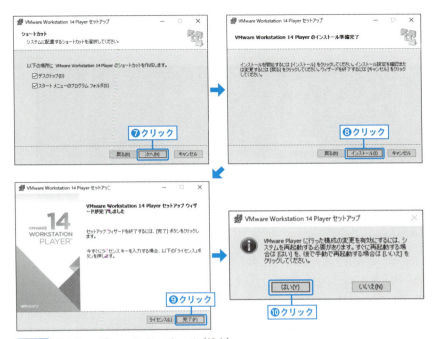

図3.60 VMware Playerのインストール（続き）

● CentOSの入手

下記のThe CentOS Projectのサイトから、CentOSをダウンロードします。

● **The CentOS Project**
URL https://www.centos.org/

図3.61 の「Get CentOS Now」をクリックします。

図3.61 CentOSのダウンロード①

図3.62に遷移します。「DVD ISO」[※13]をクリックしてダウンロードしてください。

図3.62 CentOSのダウンロード②

ダウンロードするためのURLの一覧が列挙されます（図3.63）。手早くダウンロードするために、日本のサーバーを選択しましょう。4GB以上あるので、かなりの時間がかかります。気長にダウンロードしてください。

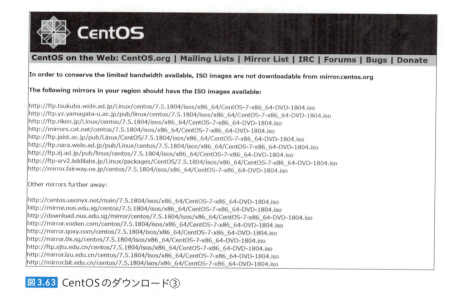

図3.63 CentOSのダウンロード③

※13 ISOファイルとは、CDやDVDなどの中身を1つにまとめたファイルのことで、これをイメージファイルと呼びます。Minimal ISOは最小構成でインストールするためのイメージファイルです。

● CentOSのインストール

「VMWare Workstation 14 Plyer」のショートカットをダブルクリックして起動してください（図3.64 ❶）。初回のみライセンス入力画面が表示されます。「非営利目的でVMware Workstation 14 Playerを無償で使用する」を選択し❷、「続行」をクリックします❸。次の画面で「完了」をクリックすると❹、「VMware Workstation 14 Playerへようこそ」画面が表示されます。「新規仮想マシンの作成」をクリックします❺。

図3.64 新規仮想マシンの作成

「新規仮想マシン作成ウィザードへようこそ」画面が起動します。「参照」をクリックして（図3.65 ❶）、ダウンロードしたISOイメージファイルを選択し❷❸❹、「次へ」をクリックします❺。

「仮想マシンの名前」画面が表示されるので、「仮想マシン名」を入力して❻、仮想マシンの保存先を「参照」をクリックして指定し❼❽、「次へ」をクリックします❾。

「ディスク容量の指定」画面では、推奨ディスクサイズは20GBとなっています。ディスクの容量を確認し❿、「仮想ディスクを単一ファイルとして格納」か「仮想ディスクを複数のファイルに分割」かを選択して（本書では「仮想ディスクを複数のファイルに分割」）⓫、「次へ」をクリックします⓬。

「仮想マシンを作成する準備完了」画面で作成される内容に問題がなければ「この仮想マシンを作成後にパワーオンする」にチェックを入れ⓭、「完了」をクリックしてください⓮。

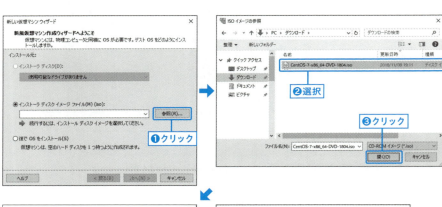

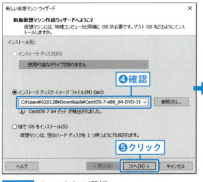

図3.65 CentOSの選択

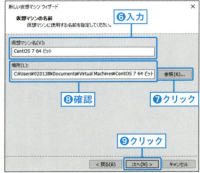

次ページへ続く ➡

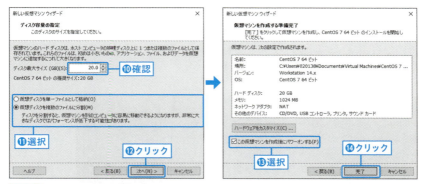

図3.65 CentOSの選択（続き）

CentOS 7のインストール画面が自動起動します（図3.66）。

図3.66 CentOSインストール初期画面

このままインストールすることもできますが、インストール画面が切れて操作しにくい状態が発生しますので、画面をクリックして、[Tab] キーを押してください。この設定をしないと、図3.67のようにボタンが見えなくなる可能性があります。

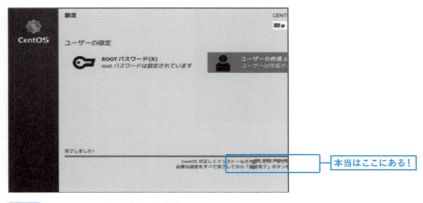

図3.67 インストール画面が切れた状態

[Tab]キーを押すと下部にインストールオプションの入力欄が現れます（図3.68）。
　quietの前に「resolution=1024x768_」とインストールオプションを入力して※14、[Enter]キーを押してインストールを起動します（解像度の指定は読者の方の環境に合わせて変更してください）。

図3.68 解像度の設定

　コマンドが実行されます（図3.69❶）。途中、「ソフトウェアの更新」画面が表示される場合、「ダウンロードしてインストール」をクリックします❷。
　「WELCOME TO CENTOS 7.」画面が表示されますので、インストール時の言語設定で「日本語」を選択し❸❹（「日本語」を選択すると「WELCOME TO CENTOS 7.」画面は「CENTOS 7へようこそ。」画面に変わります）、「続行」をクリックします❺。すると「インストールの概要」画面が表示されます❻。

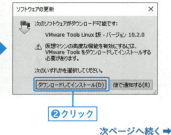

図3.69 「インストールの概要」画面

次ページへ続く➡

※14 「=」（イコール）は[^]キーで入力できます。「1024×768」の「かける」の文字はx（エックス）で表します。

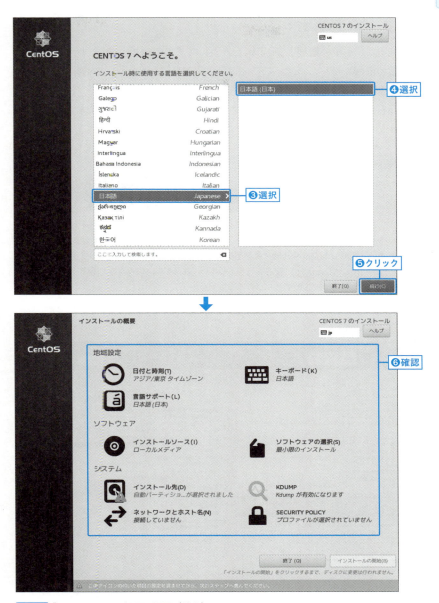

図3.69 「インストールの概要」画面（続き）

　ここでは、「インストール先」「ソフトウェアの選択」「ネットワークとホスト名」を設定しておきましょう。

● **ソフトウェアの選択**

「インストールの概要」画面の「ソフトウェアの選択」をクリックすると、図3.70の画面に遷移します。ここでは「GNOME Desktop」をインストールしておきましょう❶ MEMO参照 。

画面右側の「選択した環境のアドオン」は選択しなくてもよいです。「完了」をクリックしてください❷。

> **MEMO**
>
> **ソフトウェアの選択**
>
> 「ソフトウェアの選択」でデフォルトのままインストールすると「最小限のインストール」となってしまい、後からJavaや様々なパッケージをインストールするという作業が待っています。
> 筆者は初回のインストール時に知識が足りなかったので、最小限のインストールからHinemos Managerの設定を行ってしまい、3日くらい悩みながら構築したことがあります（CentOSの勉強にはなりましたが……）。

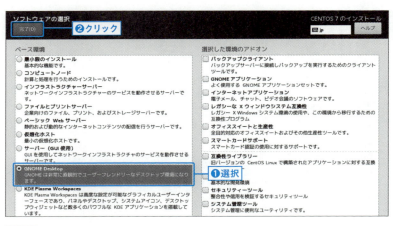

図3.70 ソフトウェアの選択画面

● **インストール先**

「インストールの概要」画面の「インストール先」をクリックすると、図3.71の画面に遷移します。ローカルの標準ディスクを選択しました。読者の方の環境に合わせて、適切なデバイスを選択してください。

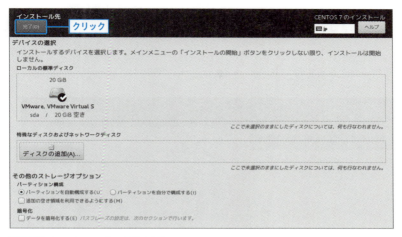

図3.71 インストール先の選択画面

● ネットワークとホスト名

「ネットワークとホスト名」はインストール後に設定することもできますが、ここで完了させておきましょう[※15]。

「インストールの概要」画面の「ネットワークとホスト名」をクリックすると、「ネットワークとホスト名」画面に遷移します（図3.72）。ホスト名に「centos-manager」と入力して❶、「適用」をクリックしてください❷。続けて「完了」をクリックします❸。

図3.72 ホスト名の設定画面

※15 わからなかったら、デフォルトのままインストールして、後で設定することもできます。

次にネットワークの設定を行います。イーサネットがオフになっていますので、オンに切り替えます（図3.73 ❶）。

ここでの設定では、Hinemosマネージャには固定IPを持たせたいので、「設定」をクリックします❷。

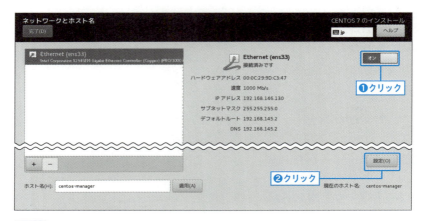

図3.73 イーサネットの設定画面

事前にコマンドプロンプトで、固定IPとネットマスク、ゲートウェイを以下のように入力して調べます（図3.74 ❶❷）。

```
C:¥Users¥（ユーザー名）>cd C:¥WINDOWS¥System32
C:¥Windows¥System32>ipconfig
```

「IPv4のセッティング」タブをクリックして❸、「追加」から、必要なネットワーク情報を入力します。

方式を「手動」に変更し❹、アドレスに固定IPとネットマスク、ゲートウェイを入力します❺❻。後でVMWare Playerのネットワーク設定を行いブリッジ接続しますので、ホストマシンが使用している物理LANとネットワークを合わせる必要があります。アドレスには、ホストマシンのIPアドレス（図3.74 ❷の「IPv4アドレス」）を含め、同一ネットワーク内に同じIPアドレスが重複しないように設定してください（例えば、「192.168.1.X」であれば、ネットワークアドレスの「192.168.1」を合わせ、ホストアドレスの「X」を異なる数値にします。接続中LAN内のDHCPサーバーが配布するIPアドレス範囲と、CentOSで固定しているIPアドレスが被らないように工夫してください。重複するとLAN内が不安定になります。また、サブネットマスクの「255.255.255.0」と「/24」は同じことを意味しています。ゲートウェイは主にルーターなどを指します）。

DNSサーバーがある場合はDNSサーバーのIPを入力してください❼。「保存」をクリックします❽。

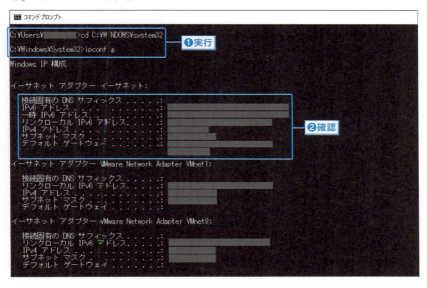

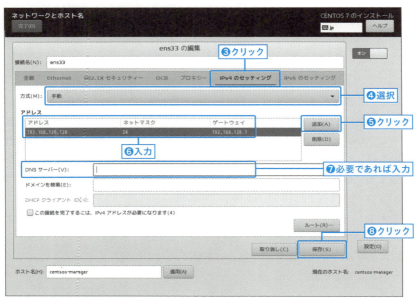

図3.74 IPｖ4の設定画面

次の、図3.75の画面で設定が反映されていることが確認できるでしょう❶。「完了」をクリックして❷、「インストールの概要」画面に戻ります。

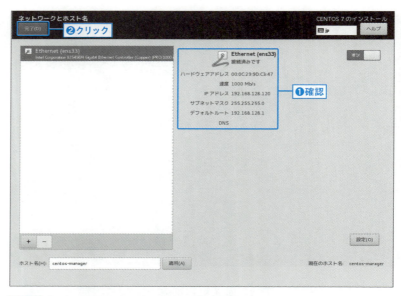

図3.75 ネットワークとホスト名の設定の完了画面

● インストールの開始

ここまで設定できたら、「インストールの概要」画面で「インストールの開始」をクリックして（図3.76❶）、インストールを開始します。インストール作業が終わるまでしばらく時間がかかります。なお本書では、SECURITY POLICYの設定は割愛していますが、読者の方の環境にあったものを選択してください。また仮想環境でCentOSを利用して本格運用を行う場合は、必ず設定をしてください。

インストール作業中に「ROOTパスワード」と「ユーザーの作成」を行います。rootパスワードを設定したら❷❸、「完了」をクリックしてください❹。同様にユーザーも作成します❺〜❼。なお❼で入力するパスワードは、rootパスワードとは異なります。

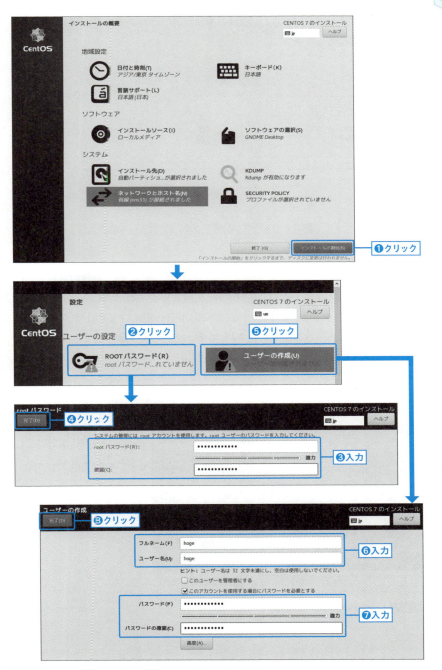

図3.76 ROOTパスワードの設定とユーザーの作成画面

インストールが完了したら、図3.77 の画面が表示されますので、「再起動」をクリックして再起動します※16。

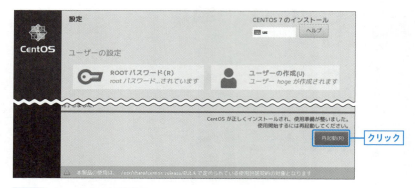

図3.77 インストール完了画面

再起動して、「インストールを完了しました」をクリックし（図3.78 ❶）、［↑］［↓］キーで「CentOS Linux（3.10.0-862.e17 x86_64）7（Core）」を選択します❷。「初期セットアップ」の「LICENSE INFORMATION」をクリックして❸、「ライセンス契約に同意します。」にチェックを入れ❹、「完了」をクリックします❺。なお、ネットワークの設定が完了していない場合は、ここで設定してください。「設定の完了」をクリックします❻。

図3.78 CentOSセットアップ画面　　　　　　　　　　　　　　次ページへ続く ➡

※16 インストールオプションを設定しなかった方は、画面が切れて表示されてしまっているかもしれませんが、「再起動」のボタンは隠れているだけですので、［Tab］キーを使って移動し、［Enter］キーを押してください。

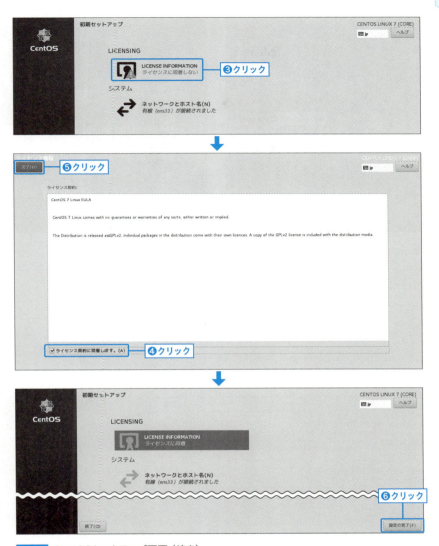

図3.78 CentOSセットアップ画面（続き）

　これで初期設定は終わりです。アカウントを選択して（**図3.79 ❶**）、パスワードを入力して❷、「サインイン」をクリックします❸。「ようこそ」画面が表示されます。「Willkommen!」で「日本語」を選択し❹、「次へ」をクリックします❺（この後も設定があるので適時選択し「次へ」をクリックしてください。以降では画面は割愛します）。「使用する準備が完了しました。」画面で「CentOS Linuxを使い始める」をクリックします❻。

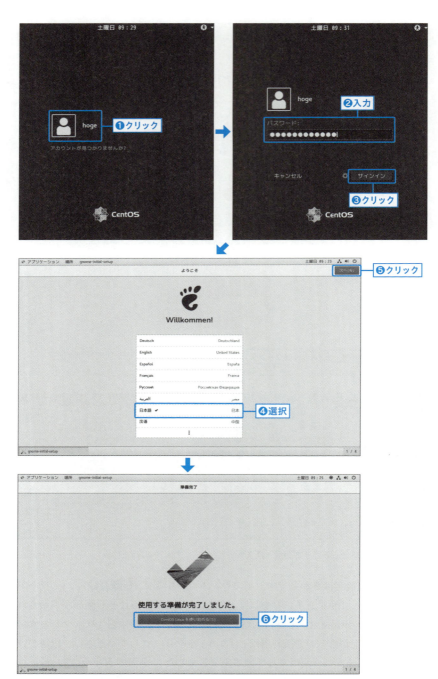

図3.79 CentOSのログイン画面

● VMWare Playerのネットワーク設定

　VMware PlayerでOSをインストールする際、「新しい仮想マシン ウィザード」で標準のネットワーク接続を選択すると、ホストOSをWindows、ゲストOSをCentOSとしたNAT[※17]が設定されます。VMware Playerの場合のNATはホストOSのIPアドレスをゲストOSが共有するというものですから、ホストOSからゲストOSが参照できない状態になります。

　そこでネットワーク接続の設定を変えます。CentOSで「電源」のアイコンを順にクリックして（図3.80 ❶❷）、「電源オフ」をクリックします❸。VMware Playerで「CentOS 7 64 ビット」を選択し❹、メニューから「Player」❺→「管理」❻→「仮想マシン設定」を選択して❼、「仮想マシン設定」を開きます。「ネットワークアダプタ」を選択して❽、「NAT」になっていることが確認できます。ホストOSもゲストOSも同じようにネットワークに接続させたいため、「ブリッジ：物理ネットワークに直接接続」を選択してください❾。「OK」をクリックして、確定します❿。

図3.80 仮想マシン設定画面　　　　　　　　　　　　次ページへ続く➡

※17　NATとはNetwork Address Translationの略でネットワークアドレス変換のことです。

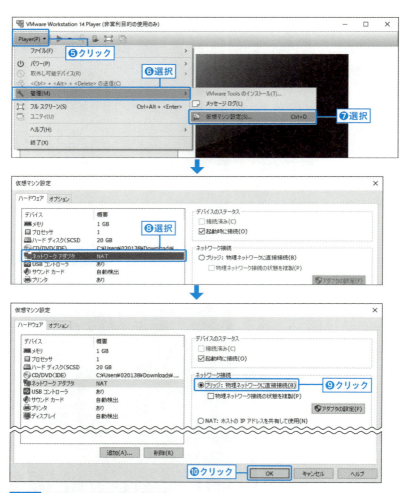

図3.80 仮想マシン設定画面（続き）

　ホストマシン（Windows）から、ゲストマシン（CentOSマシン「centos-manager」。この例ではIPアドレス：192.168.128.120）に対してPingコマンドを入力して、返答が返ってくればネットワークの設定は成功です。

● Tera Term のインストール

　エミュレーターを使ってCentOSにHinemosマネージャなどの設定を行います。
　ホストOS（Windows）からゲストOS（CentOS）へファイル転送が容易に行えるなどの便利な機能がありますので、Tera Termというオープンソース・ソ

フトウェアのターミナルエミュレータをインストールします。

Tera Termは以下の場所からダウンロードできます。

- **Tera Term**
  URL　https://ja.osdn.net/projects/ttssh2/releases/

サイトからダウンロードしたインストーラー（teraterm-4.100.exe）をダブルクリックして起動し（図3.81 ❶❷）、❸～⓲の手順に従ってインストールしてください。

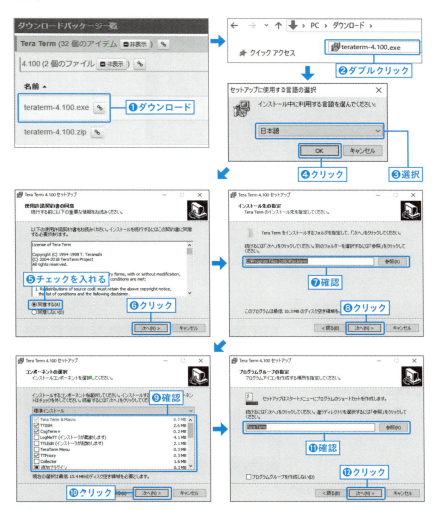

図3.81 Tera Termのインストール　　　　　　　　　　　　次ページへ続く ➡

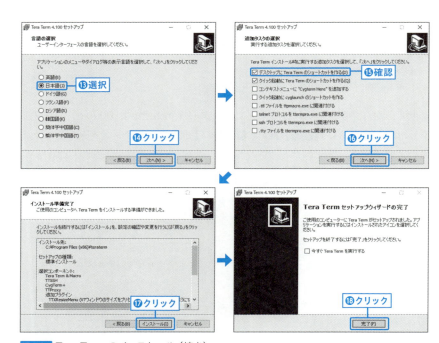

図3.81 Tera Termのインストール（続き）

以下、centos-managerの操作はTera Termを使って行います。

デスクトップにあるTera Termのショートカットをダブルクリックして 図3.82 ❶、Tera Termを立ち上げて、図3.82 の右の画面が表示されたらゲストOS（CentOS）で設定したIPアドレスを入力して❷、「OK」をクリックします❸。

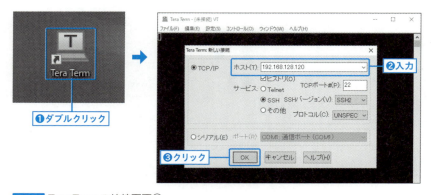

図3.82 Tera Termの接続画面①

「セキュリティ警告」画面が表示されます。「このホストをKnown hostsリストに追加する」にチェックして「続行」をクリックしてください。次回からは表示されなくなります。

図3.83のSSH認証画面※18が表示されますので、centos-managerのrootユーザーとrootユーザーのパスワードを入力してログインしてください❶❷。centos-managerをコマンドでリモート操作できるようになります。SSH通信を切断するときは「exit」とコマンドを入力します。

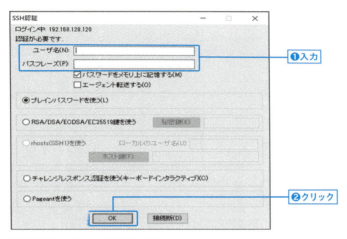

図3.83 Tera Termの接続画面②

● Hinemosパッケージのダウンロード

Hinemosはオープンソース・ソフトウェアの統合運用管理ツールですので、以下のGitHubのHinemosプロジェクト（外部リンク）より自由にダウンロードできます。

● Hinemcs パッケージのダウンロード
URL https://github.com/hinemos/hinemos/releases#packages

※18 暗号や認証の技術を利用して、安全にリモートコンピュータと通信するためのプロトコルです。SSHでは以下の点で従来のTelnetより安全な通信が行えます。
①パスワードやデータを暗号化して通信する
②クライアントがサーバーに接続する時に、接続先が意図しないサーバーに誘導されていないか厳密にチェックする

図3.84のようにHinemosマネージャのパッケージとHinemos Webクライアントのパッケージ、Hinemosエージェントをダウンロードします[19]。

❶hinemos-6.0-manager-6.0.0-1.el7.x86_64.rpm
❷hinemos-6.0-web-6.0.0-1.el7.x86_64.rpm
❸hinemos-agent-6.0.2-1.win.zip

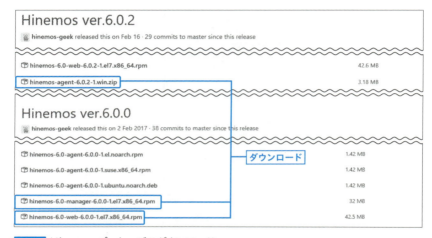

図3.84 Hinemosパッケージのダウンロード

　ダウンロードしたHinemosマネージャ（hinemos-6.0-manager-6.0.x-1.el7.x86_64.rpm）とHinemos Webクライアント（hinemos-6.0-web-6.0.0-1.el7.x86_64.rpm）のパッケージは、Tera TermのSCP機能を利用して、centos-managerの/tmpの直下に転送します MEMO参照 。

　具体的には、Tera Termからcentos-managerにログインした状態で、メニューから「ファイル」→「SSH SCP」を選択すると 図3.85 が表示されます。「...」をクリックして❶、「From」でファイルを選択し❷、「To」で転送先のディレクトリ（/tmp）を指定し❸、「Send」をクリックして❹、転送します。

※19　本書執筆時点（2018年11月現在）の最新版のエージェントは6.1.2ですが、本書はマネージャを6.0.0で検証していますので、エージェントを6.0.2としています。6.0.2は6.0.0～6.0.1のマネージャとの互換性があります。

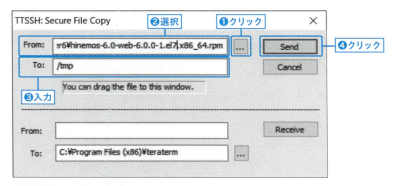

図3.85 SCP機能によるファイルコピー

> **MEMO**
>
> **その他のファイル転送方法**
>
> 他にもVMware Playerで「共有フォルダ」を設定し、共有フォルダを通じてファイルをやり取りする方法や、FTP送信する方法などがあります。
> 使いやすい方法で行ってください。

3.6.2 Hinemosマネージャのセットアップ

SELinuxが無効になっているかチェックする

　SELinuxが有効になっている場合、Hinemosマネージャをインストールできません。あらかじめSELinuxを無効(disabled)に設定しておく必要があります。

　事前にCentOSのユーザー名「root」でログインして（パスワードはインストール時に設定したもの）ください。

　メニューから「アプリケーション」（図3.86 ❶）→「システムツール」❷→「端末」❸を選択すると、CentOSの端末が起動します❹（以降、「CentOS端末」とします）。

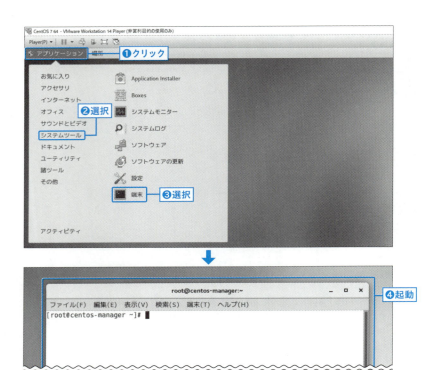

図3.86 CentOS 端末の起動

[CentOS 端末]

```
[root@centos-manager ~]# cat /etc/selinux/config

# This file controls the state of SELinux on the system.
# SELINUX= can take one of these three values:
#     enforcing - SELinux security policy is enforced.
#     permissive - SELinux prints warnings instead of ➡
enforcing.
#     disabled - No SELinux policy is loaded.
SELINUX=enforcing
...
```

上記のように「SELINUX」のパラメータとして「enforcing」が設定されている場合は、SELinuxが有効となっているため、以下のコマンドを入力して、テキストを編集します。

[CentOS端末]

```
[root@centos-manager ~]# vi /etc/selinux/config
```

　[i]キーを押して挿入モードにして、上記の「enforcing」を「disabled」に変更し[Esc]キーを押してコマンドモードにし、「：wq」と入力して上書き保存して終了し MEMO参照 、CentOSを再起動してください[※20]。再びrootユーザーでログインします。

MEMO

テキストを編集する方法

Linux上でテキストを編集するにはviを使うことが多いです。viはLinux標準のテキストエディタを起動するコマンドです。
コマンドモードにおける各種コマンドについてはインターネットに使い方がたくさん載っていますので、使い方を覚えてください。

● firewalldが適切に設定されているかチェックする

　Hinemosマネージャへ接続する際に、使用するポートがHinemosクライアントから接続可能な状態である必要があります。OSのインストール直後は、firewalldが有効になっており、使用ポートに対する通信がREJECTされる設定となっている可能性があるため、Hinemosマネージャ側の待ち受けポートの許可設定を適切に行う必要があります。

　テストとして使う分には、Hinemosマネージャのfirewalldを止めれば利用可能な状態になるため、ここではfirewalldを停止する方法を紹介します。

　以下のコマンドを実行してください。

※20　権限がなくコマンドが実行できない場合があります。「sudoコマンド」と指定することで、「スーパーユーザー（rootユーザー）」の権限が必要なコマンドをsudoコマンド経由で実行させることができます。あらかじめrootユーザーでログインしていれば問題ありません。

[CentOS端末]

```
[root@centos-manager ~]# systemctl stop firewalld
```

　サーバーの再起動後も「firewalld」を自動起動させないようにするには、以下のコマンドを使用します。

[CentOS端末]

```
[root@centos-manager ~]# systemctl disable firewalld
Removed symlink /etc/systemd/system/multi-user.target.➡
wants/firewalld.service.
Removed symlink /etc/systemd/system/dbus-org.➡
fedoraproject.FirewallD1.service.
```

　Hinemosを利用する上で必要となるネットワーク条件については、インストールマニュアルに詳細な情報が記載されています。以下のURLからダウンロードしてください。

- **Hinemos ver.6.0 インストールマニュアル**
  URL https://github.com/hinemos/hinemos/releases/tag/v6.0.0

　インストールマニュアルのファイル名は「doc_install_6.0_ja.pdf」です。実際に運用する環境にHinemosをセットアップする場合は、上記のドキュメントの情報をもとに、適切に待ち受けポートの設定を行ってください。

● OpenJDK8がインストールされているかチェックする

　Hinemos 6.0系のマネージャは、Java 8にて動作するため、Java 8が事前にインストールされている必要があります。rpmコマンドで、java-1.8.0-openjdkパッケージがインストールされているかを確認してください。

[CentOS端末]

```
[root@centos-manager ~]# rpm -qa | grep java-1.8.0-openjdk
java-1.8.0-openjdk-headless-1.8.0.131-11.b12.el7.x86_64
java-1.8.0-openjdk-1.8.0.131-11.b12.el7.x86_64
```

● その他必要なパッケージについて

　その他にもHinemos ver.6.0のマネージャを動作させるために、以下のパッ

ケージをインストールしておく必要があります。

- rsyslog
- vim-common
- unzip

インターネットに接続できる環境であれば、yumコマンドでインストール可能ですので、インストールされていない場合はインストールしてください。

[CentOS端末]

```
[root@centos-manager ~]# rpm -qa | grep rsyslog
rsyslog-8.24.0-16.el7.x86_64
```

上記のコマンドを打てば、確認できます。vim-common、unzipも同様です。

● OSのホスト名に対して名前解決ができているか

動作環境によっては、ホスト名の名前解決ができないため、Hinemosマネージャが上手く動作しないことがあります。
centos-managerに自身のホスト名が登録されているか確認してください。まずは、centos-managerのホスト名を確認します。

[CentOS端末]

```
[root@centos-manager ~]# hostname
centos-manager
```

次に、pingコマンドでホスト名centos-managerを名前解決できるか確認します。

[CentOS端末]

```
[root@centos-manager ~]# ping centos-manager

PING centos-manager(192.168.128.120) 56(64) bytes of data.
64 bytes from centos-manager(192.168.128.120): ➡
icmp_seq=1 ttl=64 time=0.026 ms
64 bytes from centos-manager(192.168.128.120): ➡
icmp_seq=2 ttl=64 time=0.046 ms
...
```

上記メッセージが表示されていたら、ホスト名centos-managerは名前解決できています。［Ctrl］＋［C］キーを押してpingコマンドを止めましょう。

ネットワークの設定が上手くいっていなかったら、返答で返ってくるIPアドレスも意図しないものになります。

上記メッセージが表示されなかった場合、DNSサーバーまたは/etc/hostsにホスト名を登録しましょう。DNSサーバーにホスト名を登録する方法については、利用しているDNSサーバーの登録手順にしたがって登録してください MEMO参照 。

> **MEMO**
>
> **/etc/hostsにcentos-managerのホスト名を登録する場合**
>
> [root@centos-manager ~]# **echo 192.168.128.120 centos-manager ➡**
> **>> /etc/hosts**
> [root@centos-manager ~]# **cat /etc/hosts**
> ...
> 192.168.128.120 centos-manager

● Hinemosマネージャのインストール

それでは、Hinemosマネージャをインストールしていきましょう。

CentOS（centos-manager）にrootユーザーでログインし、rpmコマンドを使いインストールを行います。先ほど/tmp直下にインストールパッケージ（hinemos-6.0-manager-6.0.0-1.el7.x86_64.rpm）[21]を配置していると思いますので、以下のように行います。

[CentOS端末]

```
[root@centos-manager ~]# cd /tmp
[root@centos-manager tmp]#  rpm -ivh hinemos-6.0-➡
manager-6.0.0-1.el7.x86_64.rpm
```

※21　hinemos-6.0-manager-6.0.x-1.el7.x86_64.rpmの「el7」は「イー・17」ではなく、「イー・エル・7」です。筆者は最初、間違って数時間悩んだ経験があります。

```
準備しています..     ############################### [100%]
更新中 / インストール中...
1:hinemos-6.0-manager-6.0.0-1.el7 ➡
############################### [100%]
Redirecting to /bin/systemctl restart rsyslog.service
(略)
```

　それでは、続いてインストールしたHinemosマネージャを起動してみましょう。serviceコマンドを使いHinemosマネージャを起動します[22]。

[CentOS端末]

```
[root@centos-manager ~]# service hinemos_manager start
Starting hinemos_manager (via systemctl):                    ➡
[  OK  ]
[root@centos-manager ~]#
```

　Hinemosマネージャが起動したら、最後にnetstatコマンドを使いcentos-managerの8080番ポートがListenされているか確認しましょう。

[CentOS端末]

```
[root@centos-manager ~]# netstat -aon | grep 8080
tcp6    0      0 192.168.128.120:8080     :::*         LISTEN
```

　netstatコマンドが使えない環境の場合、ssコマンドを使って確認します。以下のメッセージが表示されればHinemosマネージャの起動は無事完了です。

※22　CentOS 7になり、サービスの管理するシステムが変更されました。serviceコマンドは今まで通り使えるようsystemctlへリダイレクトされます。そのため、[OK] と表示されなかった読者の方もいるかもしれません。その場合、以下のコマンドを実行すると動作確認できます。

[CentOS端末]

```
[root@centos-manager ~]# systemctl status hinemos_manager.service
● hinemos_manager.service - Hinemos Manager
   Loaded: loaded (/usr/lib/systemd/system/hinemos_manager.service; ➡
enabled; vendor preset: disabled)
   Active: active (running) since 土 2018-11-10 12:03:15 JST; 55min ago
 Main PID: 4108 (java)
```

[CentOS端末]

```
[root@centos-manager ~]# ss -lnt | grep 8080
 LISTEN     0      50     ::ffff: 192.168.128.120:8080
:::*
```

上記メッセージに表示されているIPアドレスとポート番号（上記メッセージの「192.168.128.120:8080」の部分）は、Hinemosマネージャにログインする際に使用するのでメモ帳等に控えておきましょう。

3.6.3　Hinemos Webクライアントのセットアップ

次に、centos-managerにHinemos Webクライアントをセットアップします。ダウンロードした「hinemos-6.0-web-6.0.0-1.el7.x86_64.rpm」は先ほどcentos-managerの/tmpに配置しました。

CentOS（centos-manager）にrootユーザーでログインし、rpmコマンドを使いインストールを行います。/tmp直下にインストールパッケージを配置している場合は、以下のように行います。

[CentOS端末]

```
[root@centos-manager]# cd /tmp
[root@centos-manager tmp]#  rpm -ivh hinemos-6.0-web-➡
6.0.0-1.el7.x86_64.rpm
準備しています... ################################# [100%]
更新中 / インストール中...
1:hinemos-6.0-web-0:6.0.x-1.el7 ➡
################################# [100%]
```

それでは、続いてインストールしたHinemos Webクライアントを起動してみましょう。serviceコマンドを使いHinemosマネージャを起動します[※23]。

※23　※22と同様に以下のコマンドを実行すると起動を確認できます。

[CentOS端末]

```
[[root@centos-manager ~]# systemctl status hinemos_web
● hinemos_web.service - Hinemos Web
   Loaded: loaded (/usr/lib/systemd/system/hinemos_web.service; ➡
enabled; vendor preset: disabled)
   Active: active (running) since ± 2018-11-10 12:55:09 JST; 9min ago
(略)
```

[CentOS端末]

```
[root@centos-manager ~]# service hinemos_web start
Starting hinemos_web (via systemctl):
[  OK  ]
[root@centos-manager ~]#
```

　上記メッセージが表示されればHinemos Webクライアントの起動は無事完了です。

● ブラウザから確認する

　ブラウザから動作を確認しましょう。CentOSのアプリケーションから「Firefox Web ブラウザー」を起動して、centos-managerのアドレス（この例ですと192.168.128.120）にアクセスします。

　図3.87の画面が表示されれば成功です。

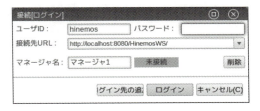

図3.87 Hinemos Webクライアントのログイン画面

　接続先URLはHinemosマネージャのインストール後にnetstatコマンドを使いcentos-managerの8080番ポートがListenされているか確認した時のIPアドレスとポート番号です。

　ユーザーID「hinemos」がデフォルトとして入力されています。パスワードは同じく「hinemos」（図3.88❶❷）接続先URLはlocalhostの部分を修正（ここでは「192.168.128.120」としている）します❸。「ログイン」をクリックします❹※24。

※24　ログイン後、変更することが可能です。本番運用する時は、必ず変更してください。

図3.88 Hinemosログイン画面

ログインに成功すると「ログインしました」というメッセージが表示されます。「OK」をクリックすると図3.89の画面が表示されます。

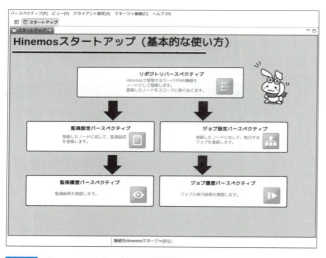

図3.89 Hinemosスタートアップ画面

3.6.4　Hinemos Agentをインストールする

● Hinemos Agentのインストール

3.6.1項でダウンロードしたHinemosエージェントをインストールします。VMWare Playerのホストマシンである Windows パソコンにインストールします[※25]。

ダウンロードしたhinemos-agent-6.0.2-1.win.zipを解凍してHinemos

※25　Java 8がインストールされていない場合は、インストールしてください。

AgentInstaller-6.0.2_win.msi※26 をダブルクリックして起動してください（図3.90 ❶）。

「HinemosAgent6.0.2 Setup」ウィザードが起動し、「Welcome to the HinemosAgent6.0.2 Setup Wizard」画面が表示されるので、「Next」をクリックします❷。

「HinemosAgent6.0.2 End User License Agreement」画面で「I accept the terms in the License Agreement」にチェックを入れてライセンスに同意し❸、「Next」をクリックします❹。

「Destination Settings」画面で、IP AddressにHinemos ManagerのIPアドレスを設定して❺（画面は設定前）、「Next」をクリックします❻。

「Destination Folder」画面で、インストール先を確認して❼、「Next」をクリックします❽。

「Ready to Install HinemosAgent6.0.2」画面で、「Install」をクリックして❾、インストールします MEMO参照 。「Completed the HinemosAgent6.0.2 Setup Wizard」画面が表示されたら成功です。「Finish」をクリックします❿。

> **MEMO**
>
> ### インストールに失敗する時
>
> インストール権限がない時は図3.91 のエラーが出ます。
>
>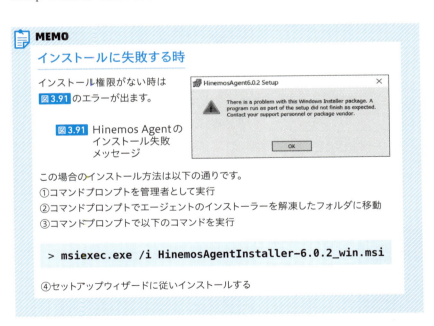
>
> 図3.91 Hinemos Agentのインストール失敗メッセージ
>
> この場合のインストール方法は以下の通りです。
> ①コマンドプロンプトを管理者として実行
> ②コマンドプロンプトでエージェントのインストーラーを解凍したフォルダに移動
> ③コマンドプロンプトで以下のコマンドを実行
>
> ```
> > msiexec.exe /i HinemosAgentInstaller-6.0.2_win.msi
> ```
>
> ④セットアップウィザードに従いインストールする

※26 本書執筆時点（2018年11月現在）の最新版のエージェントは6.1.2ですが、本書はマネージャを6.0.0で検証していますので、エージェントを6.0.2としています。6.0.2は6.0.0〜6.0.1のマネージャとの互換性があります。

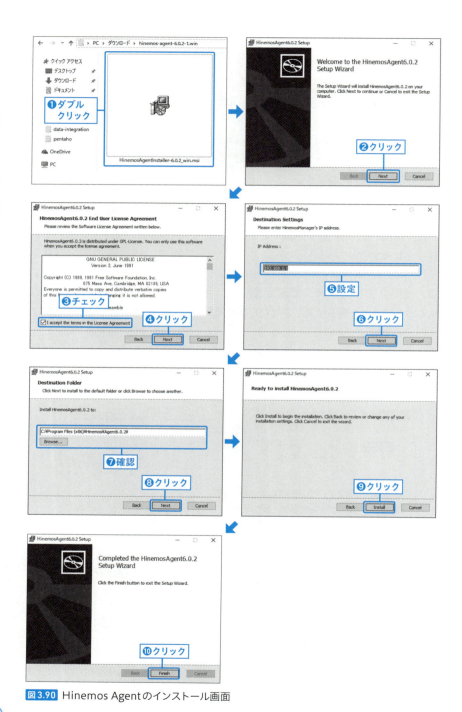

図3.90 Hinemos Agentのインストール画面

● Hinemosエージェントのサービス化

　Windows用Hinemosエージェントは、OSのサービス化を手動で実行する必要があります。

　まず、システム環境変数にJAVA_HOME＝C:¥Program Files¥Java¥jre1.8.0_111を追加します。

　具体的には、エクスプローラーで、左ペインでPCを右クリックして 図3.92 ❶、プロパティを選択します❷。「コンピューターの基本的な情報の表示」の左にある「システムの詳細設定」をクリックします❸。「システムのプロパティ」画面で「環境変数」をクリックします❹。「環境変数」画面で、「新規」をクリックします❺。「新しいシステム変数」画面で変数名に「JAVA_HOME」❻、変数値に「C:¥Program Files¥Java¥jre1.8.0_111」を入力して❼、「OK」をクリックします❽。「環境変数」画面で「OK」をクリックします❾。システムのプロパティ」画面で「OK」をクリックして閉じます。

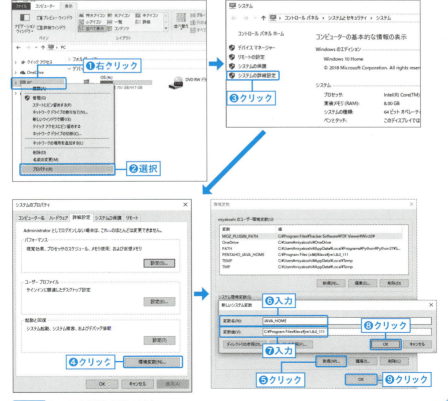

図3.92 システム環境変数の追加

次にC:¥Program Files (x86)¥Hinemos¥Agent6.0.2¥binに移動して（ 図3.93 ❶）、RegistAgentService.batを右クリックし❷、「管理者として実行」を選択します❸。「The Hinemos 6.0_Agent automatic service was successfully installed」というメッセージが出たら成功です❹。

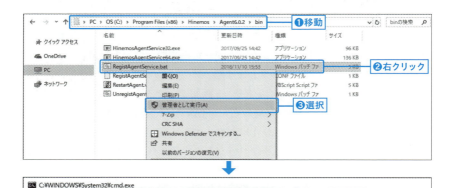

図3.93 「管理者として実行」を選択

次にサービス化したHinemosエージェントの実行・設定を行います。Windowsのスタートメニューを右クリックして（ 図3.94 ❶）、「コンピューターの管理」を選択します❷。「サービスとアプリケーション」❸→「サービス」の順にクリックして❹、サービスコンソールを起動します。

「Hinemos_6.0_Agent」をダブルクリックして❺、「（ローカルコンピュータ）Hinemos_6.0_Agentのプロパティ」を開きます。「ログオン」タブを開き❻、管理者権限を持ったアカウントを設定します❼。設定したら「OK」をクリックします❽。

「Hinemos_6.0_Agent」を選択して❾、「サービスの開始」をクリックします❿[※27]。

※27 サービスの止め方やアンインストール方法については、「doc_install_6.0_ja.pdf」の5.3.2項「エージェントのサービス化解除の方法」と5.4節「 Windows版エージェントのアンインストール」を参照してください。

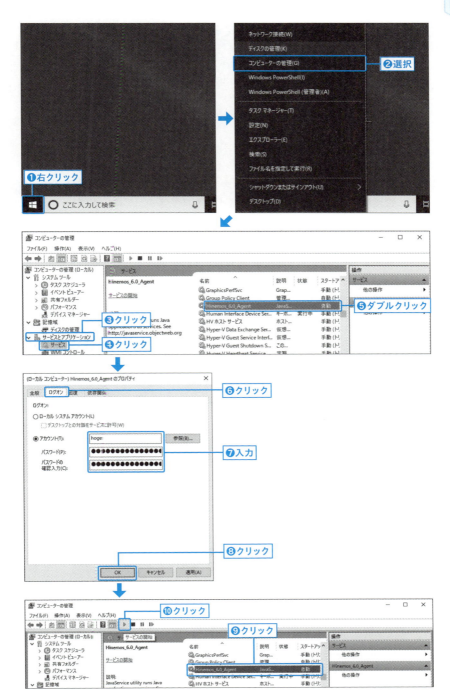

図3.94 Hinemos_6.0_Agentのサービスの開始

3.6.5 Hinemosを使ってみる

ブラウザからHinemosを実行してみましょう。ホストマシン（Windowsマシン）のブラウザを立ち上げcentos-managerのアドレス（この例ですと192.168.128.120）にアクセスします。

Webクライアントのセットアップ時と同様にログインしてください。

● リポジトリの設定

Hinemosでは、管理対象を登録するデータベースをリポジトリと呼んでおり、最初に管理対象をリポジトリに登録する必要があります。では、実際に、Agentをインストールした読者の方のパソコンを管理対象として登録してみましょう。

メニューから「パースペクティブ」（図3.95 ❶）→「パースペクティブ表示」❷ を選択して「リポジトリ」パースペクティブをメニューバーから表示します。

図3.95 パースペクティブの表示

「Open Perspective」画面で、「リポジトリ」を選択して（図3.96 ❶）、「OK」をクリックします❷。

図3.96 パースペクティブの選択

「リポジトリ[ノード]」ビューの右上のアイコンから「作成」を選択します（図3.97）。

図3.97 ノードの新規作成

ホストマシン（Windowsマシン）を監視対象ノードとします。（本書は2色刷りなので表現できませんが）画面上でピンク色の背景色で表示されている内容は必須の設定項目となります。図3.98 ❶～❹、表3.3を参考にして入力してください。なお「IPv4のアドレス」にはホストマシンのIPアドレスを、「ノード名」にはホストマシンのホスト名を入力します❺。入力が完了したら「登録」をクリックします❻。無事作成できると「成功」画面が表示されますので「OK」をクリックします❼。

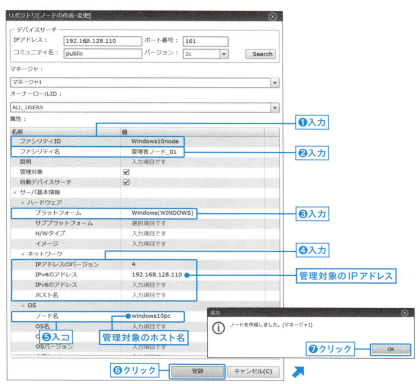

図3.98 Hiremosエージェントの設定

表3.3 ノードの作成の設定項目

項目	内容
①ファシリティID	個々の管理対象ノードおよびスコープを識別するため付与する文字列。ノードやスコープの登録を行う際に、システム内で一意になるように付与する
②ファシリティ名	ファシリティIDと同様、管理対象ノードおよびスコープに対して付与する文字列。任意に設定することができるため、運用者が見て管理対象ノードを識別しやすい文字列を設定する
③プラットフォーム	設定時に「Linux」、「Windows」、「Network Equipment」、「Other」より管理対象のプラットフォームを選択する
④IPアドレスのバージョン	管理対象と通信を行う際に使用するIPアドレスのバージョンを指定する。「4」、「6」の2種類から選択する。また、選択したバージョンのIPアドレスは必須の設定項目となる
⑤ノード名	管理対象のホスト名を入力する

「リポジトリ[ノード]」ビューに 図3.98 で登録した内容が表示されます。ファシリティIDに 図3.98 で設定したファシリティIDが表示されていることを確認してください（図3.99 ❶）。

図3.98 でノード名やIPアドレスが正しく設定できると「リポジトリ[エージェント]」ビューに、ホストマシン（Windowsマシン）にインストールしたHinemos Agentと通信した情報が表示されます（図3.99 ❷）。ファシリティIDに 図3.98 で設定したファシリティIDが表示されていることを確認してください[※28]。

図3.99 ノードの追加を確認

3.6.6　ジョブ管理ツールからジョブを実行する

それでは、待望の「運用管理ツールからのジョブ実行」を試してみましょう。

※28　認識されるまで数分かかる場合があります。

● ローカル側の準備を行う

SikuliXをインストールした「C:¥RPA」フォルダの直下に「Batch」というフォルダを作成し、job_test.batというバッチを作成してください（リスト3.10）。

リスト3.10 job_test.bat

```
echo Success  > C:¥RPA¥Batch¥job_test.txt
```

作成し終えたら、手動でダブルクリックし、同じフォルダ内に「job_test.txt」というファイルができあがることを確認してください。確認できたら、「job_test.txt」は削除しておいてください。

これでローカルの準備は整いました。

● Hinemos側の設定を行う

メニューから「パースペクティブ」→「パースペクティブ表示」を選択して、「Open Perspective」画面で、「ジョブ設定」を選択して（図3.100 ❶）、「OK」をクリックします❷。「ジョブ設定［一覧］」ビューが開きます。まだ1件もジョブが設定されていません。画面左の「マネージャ（マネージャ1）」を選択して❸、画面右の「ジョブユニットの作成」をクリックしてください❹。

図3.100 ジョブユニットの新規作成

「ジョブ［ジョブユニットの作成・変更］」画面（図3.101）で❶～❸のように設定して「OK」をクリックします❹。（本書は2色刷りなので表現できませんが）ピンクの背景色で表示されている内容（「ジョブID」と「ジョブ名」）は必須の設定項目となります。

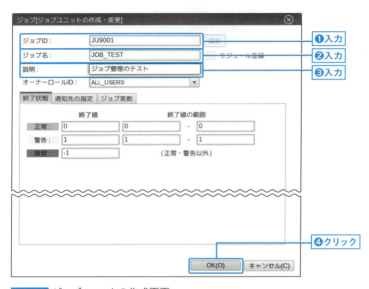

図3.101 ジョブユニットの作成画面

画面左の「マネージャ（マネージャ1）」の下に「JOB_TEST01(JU9001)」が追加されます。「JOB_TEST(JU9001)」を選択した状態で（図3.102 ❶）、画面右の「コマンドジョブの作成」をクリックしてください❷。

「ジョブ［コマンドジョブの作成・変更］」画面でジョブID❸、ジョブ名❹、説明❺を図のように入力して、「OK」をクリックします❻。（本書は2色刷りなので表現できませんが）ピンクの背景色で表示されている内容（「ジョブID」と「ジョブ名」）は必須の設定項目となります。

図3.102 コマンドジョブの作成画面①

次ページへ続く ➡

図3.102 コマンドジョブの作成画面①（続き）

続いて、「コマンド」タブを選択します（**図3.103**❶）。図のように固定値を選択して❷、起動コマンドを入力して❸、「OK」をクリックします❹。（本書は2色刷りなので表現できませんが）ピンクの背景色で表示されている内容（「固定値」と「起動コマンド」）は必須の設定項目となります。

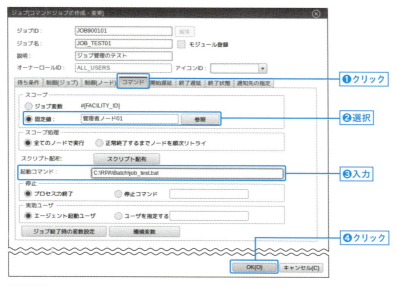

図3.103 コマンドジョブの作成画面②

図3.104 の状態が完成しました。

図3.104 ジョブ設定画面

このジョブをHinemosマネージャに登録します。「JOB_TEST01 (JOB900101)」を選択した状態で（図3.105 ❶）、画面右の「登録」をクリックしてください❷。「確認」画面が表示されるので、「Yes」をクリックすると❸、「メッセージ」画面で登録成功が表示されます。「OK」をクリックします❹。

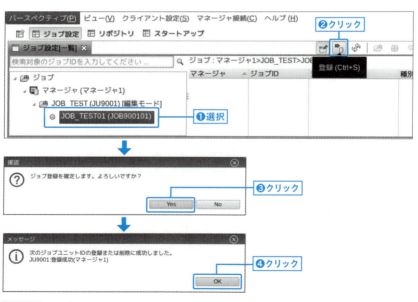

図3.105 ジョブの登録

● ジョブを実行する

それでは、さっそく実行してみましょう。

図3.106 のように「JOB_TEST01（JB900101）」を右クリックして❶、「実行」を選択します❷（もしくは、画面右上にある「実行」をクリックします）。「確認」画面が表示されるので、「テスト実行」のコンボボックスは触らずに「実行」をクリックします❸。

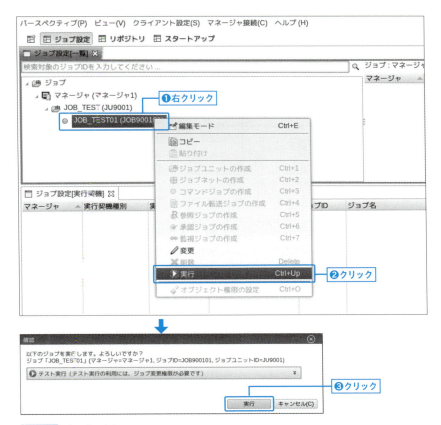

図3.106 ジョブの実行

ジョブが実行されていることを確認しましょう。メニューから「パースペクティブ」→「パースペクティブ表示」を選択します。「Open Perspective」画面で、「ジョブ履歴」を選択して（図3.107 ❶）、「OK」をクリックし❷、「ジョブ履歴［一覧］」ビューを表示します。実行中の青いマークが表示されていることがわかります❸。

「更新」をクリックしてください❹※29。実行状態が緑のマークに変わると正常終了したということを示します。赤のマークだった場合、何らかのエラーがあります。

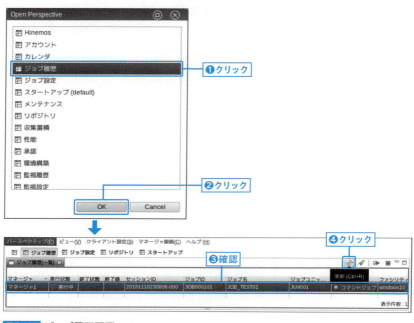

図3.107 ジョブ履歴画面

正常終了の場合、C:¥RPA¥Batchの直下に「job_test.txt」が作成されているはずです。これで、Hinemosによるジョブ管理の準備が整いました。

※29 自動で更新する設定もできます。「クライアント設定」の自動更新周期（分）で更新期間を変更可能です。

3.7 RPAシステムのハードウェア環境

RPAシステムのハードウェア環境について解説します。稼働後のハードウェア変更は大変ですから、構成と機器選定はとても重要です。

3.7.1 RPAシステムの構成

● RPAシステムの最小構成

本章で構築してきたように、パソコン1台ですべての機能を実装することができます（図3.108）。

図3.108 最小構成

● RPAシステムの基本構成

基本構成はSikuliXがインストールされたRPA端末、PentahoとMySQLがインストールされた自動化サーバー、これらを運用管理するHinemos Managerがインストールされた運用管理サーバーの4台です（図3.109）。

図3.109 システムの基本構成

● RPAシステムの拡張

　案件が増えて来た時は、運用管理サーバーと自動化サーバーは増やさず、RPA端末を増やすことが多くなります。

　RPA端末では画面を使った処理を行いますので、実行速度が遅く、同端末内での並行処理ができないからです。

> **COLUMN**
>
> ### オープンソース・ソフトウェアとは
>
> 　オープンソースとは、ソースコードを商用、非商用の目的を問わず利用、修正、頒布することを許し、それを利用する個人や団体の努力や利益を遮ることがないソフトウェア開発の手法を意味します。
>
> #### 無料である理由
>
> 　企業の戦略として、オープンソースとして公開し浸透させることで、まず大きな市場を作り出し、そこから有償サービスにつなげたり、他の部分（ハードウェア販売やシステム開発など）で利益を生み出したりするという面があります。また、世界中のプログラマーが無償でプロジェクトに参加していることも無料の理由です。プログラムを開発すること自体がプログラマーにとって純粋な喜びであり、自分の実力を世界に示すこともできるため、腕に自信のある数多くのプログラマーが参加しています。
>
> #### 有料ソフトウェアの機能比較
>
> 　少なくともRPAシステムで利用しているソフトウェアに関して言えば、有償のソフトウェアに比べて機能的に劣っていません。不具合があっても、世界中のユーザーや開発者が指摘して、世界中のプログラマーが修正しますので、どんどんよくなっていきます。この点においては一社で作って販売しているソフトウェアより優れていると言えるかもしれません。
>
> #### 有名なオープンソース・ソフトウェア
>
> 　読者のみなさんも日頃、Webで様々なサービスを利用していると思いますが、Webサービスを構成しているソフトウェアの多くはオープンソース・ソフトウェアです。
>
> 　オープンソースのOSとして有名なLinuxやWebサーバーのApache、データベースのMySQL、CMSのWordPress等があります。

CHAPTER 4 簡単なRPAシステムを構築する

それでは、お手元のパソコン1台の中でRPAシステムを動かしてみましょう。**3.7節「RPAシステムのハードウェア環境」**で説明した「RPAシステムの最小構成」です。Windows 7/8/10が動作するパソコンがあり、**Chapter3**のソフトウェアがすべてインストールしてあることを前提とします。「簡単なRPAシステム」ですが、初めてRPAシステムの環境を構築するのは簡単ではありません。本書では説明しきれない部分がありますので、必ずサンプルプログラムとサンプルプログラム変更のポイント.pdfをダウンロードして、変更ポイントを確認して動作させてください。

4.1 RPA端末の環境設定

RPA端末の環境設定を行います。

4.1.1 運用管理ツールからのRPA操作方法

HinemosからSikuliXを動かす方法について説明します。単純に考えると以下の流れになるはずです（ 図4.1 ）。

1. Hinemosのジョブ管理がスケジュールによって発動され、RPA端末に対し画面操作の実行依頼をかける
2. 実行依頼を受けたRPA端末内でSikuliXが起動され、実行される。実行を終了するとジョブ管理に成否を返す
3. ジョブ管理側で成否を受け取る

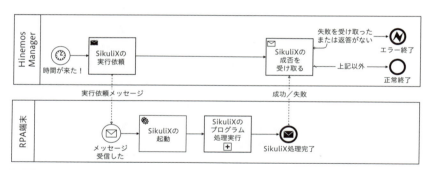

図4.1　HinemosからSikuliXを動かす①

しかし、実際はもう少し複雑で、Hinemos側のコマンドジョブを2つ用意する必要があります（ 図4.2 ）。

1. SikuliX起動依頼をかける
   RPA端末側でSikuliXが起動される。Hinemos側は「SikuliXが起動した」という通知を受けたら成功

2. 次に、SikuliXの成否をチェックする
SikuliXがプログラム実行の成否を出して終了するとHinemosはSikuliXの成否を受け取る

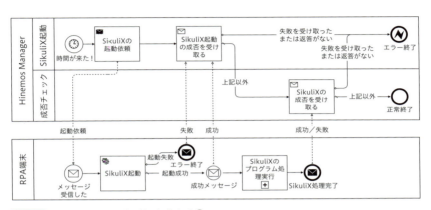

図4.2 HinemosからSikuliXを動かす②

　この仕組みが必要な理由はデスクトップ型RPAの仕様にあります。SikuliXは画像認識型ですのでスクリーンを使います。Hinemos Agentから起動されるとSikuliXからはスクリーンが使えず、実行は失敗してしまいます（ 図4.3 ）。

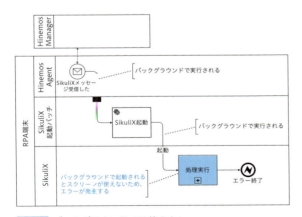

図4.3 バックグラウンドでは使えない

　そのため、RPA端末内に常駐しているプログラムからSikuliXを起動する仕組みを作る必要があります。
　常駐プログラムから起動されたSikuliXはHinemosとは非同期に実行される

ので、その成否を確認するためのバッチを別途起動しているというわけです。

それでは、この仕組みをRPA端末内に構築していきましょう。

4.1.2　RPA端末のフォルダ構成

　C:¥RPAの直下にすでにSikuliXがインストールされ、runsikulix.cmdが入っているはずです。

　Batchとlogはすでに前章で作成済みですので、myRoboというフォルダを追加してください。 図4.4 のようになります。

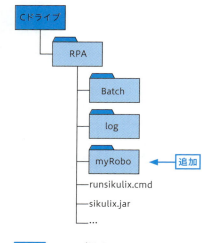

図4.4　フォルダ構成

4.1.3　myRobo.exeを常駐させる

　起動用のテキストが生成されるとそれを検知して、SikuliXをコマンドで起動させるプログラムを常駐させます。myRobo.exeは筆者の会社が開発したもので、本書の付属データのダウンロードサイトからダウンロードすることができます MEMO参照 。

- **myRobo.exeのダウンロードサイト**
  URL　https://www.shoeisha.co.jp/book/download/9784798152394

> **MEMO**
>
> #### myRobo.exeを使わない方法
>
> 　myRobo.exeを使わず、他のファイル監視ソフト（フリーソフトもたくさんあります）でも同じことができます。この場合、ファイル監視ソフトからRobo020.bat（ リスト4.1 ）を起動するように設定してください。

リスト4.1 Robo020.bat

```
::Job Name
Set JobName=%1

::エラーファイル名
set ErrFileName="C:¥RPA¥Batch¥%JobName%¥Err_%Job→
Name%.txt'

::エラーファイルを作成する
type nul >%ErrFileName%

::ロボを起動する
call "C:¥RPA¥runsikulix.cmd" -r "C:¥RPA¥%JobName→
%.sikuli¥"
```

ダウンロードしたらC:¥RPAの直下に作った「myRobo」フォルダに解凍してください。

myRobo.exeを実行してください MEMO参照 。

MEMO

myRobo.exeを管理者権限で実行

　環境によっては管理者権限が必要な場合があります。その場合、管理者として実行してください。
　再起動のたびにmyRobo.exeを手動で実行するのは大変です。ログオン時に管理者権限で実行できるようには、タスクスケジューラに、以下のバッチを起動するように設定します。

全般
・「ユーザーがログオンしている時のみ実行する」にチェックする
・「最上位の特権で実行する」にチェックする

トリガー
・タスクの開始「ログオン時」を選択する

操作
・起動コマンドに「C:¥RPA¥myRobo¥start.bat」と入力する（ リスト4.2 ）。

リスト4.2 start.bat

```
powershell start-process C:¥RPA¥myRobo¥myRobo.
exe -verb runas
```

　myRobo.exeは「C:¥RPA¥Batch¥ジョブID」の直下を15秒ごとにチェックし、「ジョブID.txt」というテキストファイルがあれば、SikuliXを起動する仕様になっています（ 図4.5 ）。

　ただし、「Err_ジョブID.txt」がすでに1つでもあれば、「他のSikuliXプログラムが起動している」と判断して、SikuliXを起動しません[※1]。

例

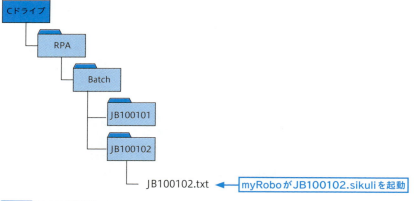

図4.5 フォルダ構成

4.1.4 共通バッチファイルの仕様

　共通バッチファイルはSikuliXをHinemos Agentから操作するために利用するものです。C:¥RPA¥Batchの直下に保存してください。

※1 新しくBatch直下にフォルダを作成した際は、myRoboも再実行してください。起動するタイミングでフォルダ構成を読み取っています。

● Robo010.bat

　myRobo.exeにSikuliXを起動させるための起動ファイルを作成するバッチです（ リスト4.3 ）。このバッチは、Hinemos Agentによって実行されます。

　その後、起動ファイルを感知したmyRobo.exeによりエラーファイルが作成されるのを待ちます。約200秒以内[※2]にエラーファイルが作成されなかった場合は、SikuliXの起動が失敗したものとみなし、エラーを返します（ 図4.6 ）。

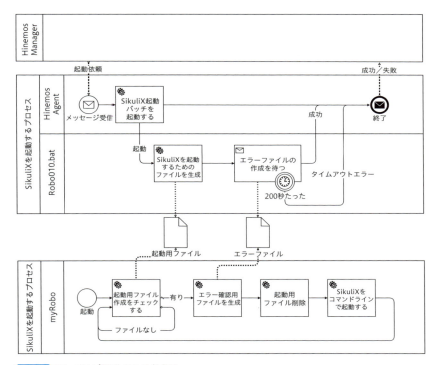

図4.6　SikuliXが起動される仕組み

リスト4.3　Robo010.bat

```
::myRobo.exeにSikuliXを起動させるための起動ファイルを作成し、結果の➡
成否を返す
::（1）myRobo.exeによりエラーファイルが作成される＝成功
```

※2　Pingコマンドの送信間隔が1秒であることを利用し約5秒間処理を待機させ、40回エラーファイルの作成をチェックしています。正確に200秒というわけではありません。

```
:: (2) タイムアウト (200秒) =失敗

::パラメータの説明
::パラメータ1　JobName。C:\RPA\Batchの直下のフォルダ名、SikuliX
起動用ファイル名、エラーファイル名に使用

Set JobName=%1

::ロボ自動実行依頼ファイル名とエラーファイル名
set StartFileName="C:\RPA\Batch\%JobName%\%JobName%.txt"
set ErrFileName="C:\RPA\Batch\%JobName%\Err_%JobName%.
txt"

::ロボ自動ファイルを作成する
type nul > %StartFileName%

::Errファイルが作成されるまで約200秒待つ
SET /A flg=0

:LOOP

IF EXIST %ErrFileName% (
  SET /A flg=1000
)

IF %flg% GEQ 40 GOTO END

SET /A flg=flg+1
ping 127.0.0.1 -n 6 > nul

GOTO LOOP

:END

del %StartFileName%

IF %flg% equ 1000 (
  exit 0
) ELSE (
```

```
    exit 9
)
```

● Robo040.bat

　SikuliXが処理を終了するまで待ち、結果が成功しているかを確認するバッチです（ リスト4.4 ）。C:¥RPA¥Batchの直下に保存してください。

　このバッチは、起動後、エラーファイルが、

①SikuliXによってエラーファイルが削除される
②タイムアウトする
③SikuliXが例外ファイルを生成する

のいずれかが起きるまで待ちます。

　①は正常終了、②と③は異常終了と判定し、Hinemosに通知します（ 図4.7 ）。

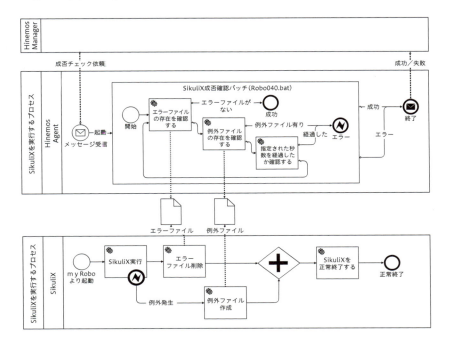

図4.7　SikuliXの実行確認の仕組み

リスト4.4 Robo040.bat

```bat
::SikuliXの処理終了を待ち、結果の成否を返す
:: (1) SikuliXによりエラーファイルが削除される=成功
:: (2) タイムアウト=失敗
:: (3) SikuliXが例外ファイルを作成する=失敗

::パラメータの説明
::パラメータ1　Robo040.batが配置されているパスを示す
::パラメータ2　JobName。C:¥RPA¥Batchの直下のフォルダ名、エラーファ
イル名、例外ファイル名に使用
::パラメータ3　タイムアウトする秒数
Set PATH=%1
Set JobName=%2
Set /A LoopCnt=%3/5

::エラーファイル名
set ErrFileName="%PATH%¥%JobName%¥Err_%JobName%.txt"

::例外ファイル名
set ExceptFileName="%PATH%¥%JobName%¥Except_%JobName%.txt"

::Errファイルが削除されるまでパラメータ3で設定された秒数待つ
SET /A flg=0

:LOOP

IF NOT EXIST %ErrFileName% (
    SET /A flg=1000
)

IF EXIST %ExceptFileName% (
    SET /A flg=9999
)

IF %flg% GEQ %LoopCnt% GOTO END

SET /A flg=flg+1
ping 127.0.0.1 -n 6 > nul
```

```
GOTO LOOP

:END

IF %flg%==1000 (
  exit 0
)

IF %flg%==9999 (
  del %ExceptFileName%
)
del %ErrFileName%

exit 9
```

● Robo100.bat

　myRobo.exeにPentahoを起動させるための起動ファイルを作成するバッチです。

　4.2節で解説するように、RPAシステムではPentahoの処理は運用管理ツール（Hinemos）から呼び出される形でバッググラウンド実行されますが、ExcelやOutlookをPentahoからVBScript経由で実行する際にデスクトップ上で動作させる必要があります。

　このバッチは、Hinemos Agentによって実行されます。その後、起動ファイルを感知したmyRobo.exeによりエラーファイルが作成されるのを待ちます。一定期間内にエラーファイルが作成されなかった場合は、Pentahoの起動が失敗したものとみなし、エラーを返します。

　成功した場合、

> ① Pentahoによってエラーファイルが削除される
> ② タイムアウトする
> ③ Pentahoが例外ファイルを生成する
> ④ Pentahoが警告ファイルを生成する

のいずれかが起きるまで待ちます。

　①は正常終了、②と③は異常終了、④は警告と判定し、Hinemosに通知します。

Robo100.batのプログラムは、本書の付属データ内の以下のディレクトリから利用してください。

- **サンプルプログラムの場所**
  sample/RPA/Batch/Robo100.bat

4.2 運用管理からのETL起動および成否確認

ETL起動および成否確認について解説します。RPAシステムで一番多く使われる仕掛けです。しっかりと構築しましょう。

運用管理ツール（Hinemos）からETL（Pentaho PDI）を起動する方法を構築しましょう。なおChapter3でHinemosとPentahoがインストールされていることを前提とします。

大まかな流れは 図4.8 のとおりです。

1. Hinemosのジョブ管理機能によりPentahoの実行依頼が発動する
2. 実行依頼を受けて、Pentahoが実行される
3. Pentahoの処理が終了すると、Hinemosに成否が通知される

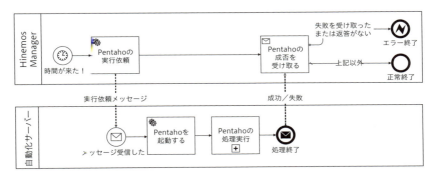

図4.8 Pentahoが起動される仕組み

4.2.1 自動化サーバーのフォルダ構成

図4.9 のように設定してください。

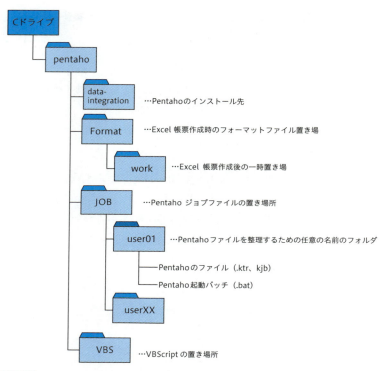

図4.9 自動化サーバーのフォルダ構成

4.2.2 ジョブのフロー

概要がわかったところで、もっと細かく仕組みを理解しましょう（図4.10）。具体的な例として3.5.5項「ETL操作を試そう」で作った「C:¥pentaho¥JOB¥user99¥JB90021001.kjb」を実行すると仮定します。

1. Hinemosのジョブ管理機能で設定したスケジュールによりPentahoの実行依頼が発動する（「C:¥pentaho¥JOB¥user99¥JB90021001.bat」をコマンドジョブの起動コマンドに入れているものとする）
2. 自動化サーバーのHinemos Agentが実行依頼を受け、バッチファイルJB90021001.bat（ リスト4.5 ）を起動する
3. JB90021001.batがエラーファイル（Err_JB90021001.txt）を同フォルダ内に生成する
4. JB90021001.batがPentahoのジョブJB90021001.kjbを起動する
5. JB90021001.kjbが実行され、正常終了時にエラーファイルを削除する。ジョブ実行中にエラーが発生した時にはエラーファイルが削除されないままとなる
6. JB90021001.batがエラーファイルの有無を調べて、エラーファイルが残っていれば失敗、エラーファイルが消えていれば成功を返す
7. HinemosはJB90021001.batの成否を受ける

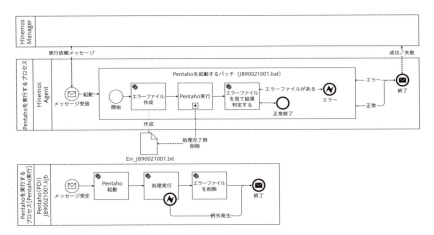

図4.10 Pentahoを操作する仕組み

リスト4.5 JB90021001.bat

```
::======================================
:: JB90021001
:: CSVファイルを作成する
::======================================

::変更するパラメータ
Set JobName=JB90021001
Set UserID=user99

::エラーファイル名
set ErrFileName="C:¥pentaho¥JOB¥%UserID%¥Err_%JobName
%.txt"

::エラーファイルを作成する
type nul > %ErrFileName%

::Pentahoのジョブを実行する
call C:¥pentaho¥data-integration¥Kitchen.bat /file "C:
¥pentaho¥JOB¥%UserID%¥%JobName%.kjb" /level:Basic > C:
¥pentaho¥JOB¥%UserID%¥%JobName%.log

::エラー判定をする
IF EXIST %ErrFileName% (
    exit 9
)
exit 0
```

4.3 日付設定の共通化

ここからはデータに紐づく日付の共通化について解説します。運用やリカバリ時に重要な役割を果たします。

4.3.1 日付設定を共通化する仕組み

　定型業務が自動化されず手作業のまま残ってしまう大きな原因の一つは、「定期的に実行する業務なのだが、毎回条件が少しだけ違う」ということです。その代表格が「日付」です。

　RPAツールには日付の動的な取得（例えば、前日日付など）もノンプログラミングでできる機能が付いているものがほとんどです[※3]。しかし、RPAの動作はまったく同じで、日付だけを変えたい場合は、RPAに対して外部からパラメータとして日付を与えなければなりません。

　そこで、RPA（SikuliX）やETL（Pentaho）に日付をパラメータとして渡すためのテキストファイルを作成する共通の仕組みを作ります。

　日付に関する要望には以下のようなものがあります。

（1）月初から前日まで（日報）
（2）月初から当日まで（週末速報）
（3）前月初日から前月末日まで（月報）
（4）月初から任意の日付まで（非定型会議用）

● 日付を動的に指定する仕組み

　図4.11 を見てください。以下の流れになっています。

1. Hinemosによってバッチが起動される
2. バッチはVBスクリプト[※4]にパラメータを渡して呼び出す
3. VBスクリプトは日付を算出し、ファイルを生成して日付を記述する

※3　以前はJavaScriptなどを使い、プログラムしないといけないRPAツールが一般的でした。SikuliXは当然、プログラムしないといけません。

※4　VBScript（Microsoft Visual Basic Scripting Edition）のこと。プログラム言語 Visual Basicに似たスクリプト言語です。拡張子はvbsです。

この後に実行されるSikuliXやPentahoの中でこの日付を使った処理が行われます。実運用時に手動でリカバリする際には、日付ファイルの中身を手修正しながら動かすこともあります。

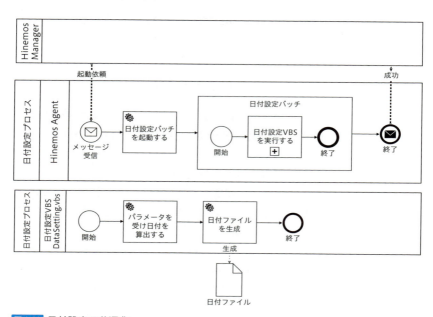

図4.11 日付設定の共通化

仕様1：DateSetting.vbs

```
ファイル名
DateSetting.vbs

パラメータ1
1：当日（通常バージョン）
2：明日（結果は当日までを入れる）
3：当月初日（前月の締め処理用）
4：任意日付のもの

パラメータ2
出力するファイル（ファイル名を含むフルパス）
配置場所
C:\RPA\Batch\DateSetting.vbs
```

4.3 日付設定の共通化

プログラム
リスト4.6 を参照してください。

リスト4.6　DateSetting.vbs

```vbs
'日付設定VBS
Dim objFSO            ' FileSystemObject

strPara1 = WScript.Arguments(0)
CsvFileName=WScript.Arguments(1)

'対象ファイルを削除する
Set objFSO = WScript.CreateObject("Scripting→
.FileSystemObject")
IF objFSO.FileExists(CsvFileName) THEN
    objFSO.DeleteFile CsvFileName, True
END IF
Set objFSO = Nothing

Dim Date1 '当日
Dim Date2 '明日
Dim Date3 '当月初日
Dim Date4 '任意日付のもの
Dim OutputDate   '出力する日付

Date1 =  Replace(Left(Now(),10), "/", "-")
Date2 =  Replace(Left(DateAdd("d",Now(),1),10), "/", "-")
Date3 =  Left(Replace(Left(Now(),10), "/", "-"),8) & "01"

Select Case strPara1
    Case "1"
      OutputDate = Date1
    Case "2"
      OutputDate = Date2
    Case "3"
      OutputDate = Date3
    Case Else
      OutputDate = strPara1
```

```
End Select

Set objFSO = WScript.CreateObject("Scripting➡
.FileSystemObject")
If Err.Number = 0 Then
    Set objFile = objFSO.OpenTextFile(CsvFileName, 2, ➡
True)
    If Err.Number = 0 Then
        objFile.WriteLine(OutputDate)
            objFile.Close
    Else
        WScript.Echo "ファイルオープンエラー: " & Err➡
.Description
    End If
Else
    WScript.Echo "エラー: " & Err.Description
End If

Set objFile = Nothing
Set objFSO = Nothing
```

● **VBSを起動するバッチファイル**

　リスト4.7 を実行すると、「JB90010101.csv」が作成されます。ファイル内には当日日付が入力されています。JB90010101.batと名前を付けて「C:¥pentaho¥JOB¥user99」に保存してください。

リスト4.7　JB90010101.bat（日付VBSを起動するバッチ）

call C:¥RPA¥Batch¥DateSetting.vbs 1 C:¥pentaho¥JOB¥user99¥ ➡
JB90010101.csv

4.3.2　メール配信の共通化

　RPAシステムでは帳票のメール配信が多く発生するため、共通化しておきましょう。事前にメール配信先リストをExcelファイルに記入しておき、VBスクリプトでExcelファイルのメール配信先リストを読み取ってメールする流れです。

VBスクリプトはPentahoから呼び出されます。

　複数の完全自動化案件のメール配信先リストを1つのExcelファイルにまとめておくことで、管理工数も減りますし、開発者以外もメンテナンスすることができるようになります。

　様々なメール配信方法がありますが、一番簡単な方法はPentahoのメール（ジョブの「メール」フォルダの中）機能を使うことです。

　しかし、以下の理由から本書ではMicrosoft Outlookを利用してメール配信を行う方法を紹介します。

- Pentahoでは、添付ファイル名に日本語が混ざっていた場合、文字化けする現象が発生した
- Pentahoを閉かずにメール配信先を修正したい

● メール配信共通部を利用する仕組み

メール配信の仕組みは 図4.12 を参照してください。

1. Hinemos AgentによりRobo100.batが起動され、Pentaho起動用ファイルが作成される
2. myRobo.exeがPentaho起動用ファイルを検知し、エラーファイルを作成し、Pentaho起動用ファイルを削除する
3. Robo100.batはエラーファイルが作成されたことを検知して、エラーファイルが削除されることを待つループに移行する
4. myRobo.exeがPentaho起動用のバッチファイルを起動する
5. Pentahoが起動し、添付ファイルの存在をチェックする。存在していない場合はメール送信せずに処理を終了する
6. 添付ファイルが存在する場合は「SendMail.vbs」を呼び出す。題名や添付ファイル名をパラメータとして渡す
7. 「SendMail.vbs」はメール配信先リストを「MailList.xlsx」から取得し、Microsoft Outlookを使ってメール配信する
8. 「SendMail.vbs」が成功した場合、エラーファイルを削除する。Robo100.batはエラーファイルが削除されたことを検知してHinemosに「成功」を通知する。「SendMail.vbs」が失敗した場合は例外ファイルを作成する。Robo100.batは例外ファイルが作成されたことを検知してHinemosに「異常」を通知する

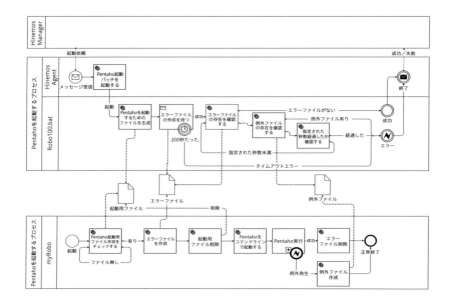

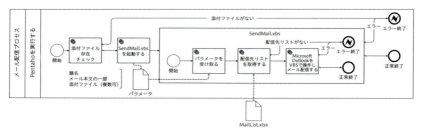

図4.12 メール配信の共通化

　メール配信の仕組みはMicrosoft Outlookを利用しているので、myRobo.exeを利用しデスクトップ上でPentahoを動作させます。

4.3.3　メール配信共通部の仕様

● 前提

　Microsoft Outlookがインストールされており、アカウントが設定され、メールの送受信ができること。

● メール配信リストの配置場所

　（任意のパス）¥MailList.xlsx[※5]

● VBSファイルの配置場所

　C:¥pentaho¥VBS¥SendMail.vbs[※6]

● VBSのパラメータ

1. MailList.xlsx内で参照するシート名
2. メールの件名
3. メール本文内の可変項目[※6]
4. 添付ファイルのパス（複数指定可能）[※7]

● VBSのプログラム

　本書の付属データのダウンロードサイトからダウンロードしてください。

- **SendMail.vbsのダウンロードサイト**
  URL　https://www.shoeisha.co.jp/book/download/9784798152394

※5　メール配信リストのファイルパスはVBScriptの中に直接埋め込んでいます。サンプルプログラムでは「C:¥pentaho¥JOB¥user99¥Common¥MailList」フォルダに入っています。

※6　自動化サーバー内での運用を前提にしています。

※7　MailList.xlsxの2行目に本文の文章を記述します。「@1」部分がパラメータと置き換わります。例）パラメータ『Testレポート』の場合、「@1をお送りします。」と記述しておくと、「Testレポートをお送りします。」という本文が送られます。

※8　パラメータ4以上はすべて添付ファイルとみなして処理します。添付ファイル数は何個でも可能ですが、5ファイル以上は試したことはありません。

● MailList.xlsx のフォーマット

図4.13 を参照してください。

1行目：任意の題名
2行目：メール本文
3行目以降：メールリスト
　A列：「To」「CC」「BCC」のいずれかを入力する
　B列：メールアドレス
　C列とD列：備考（プログラムでは使われない）

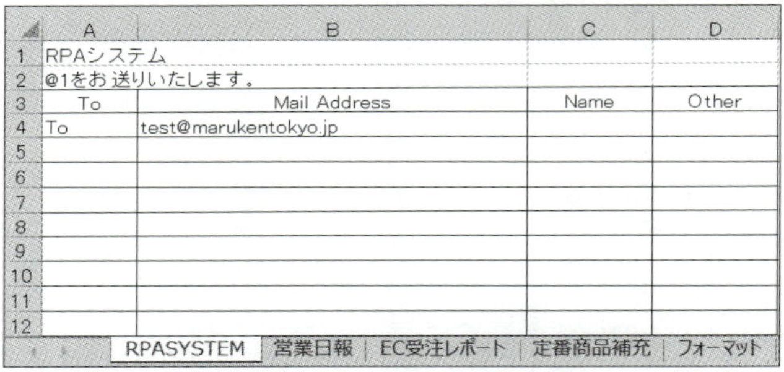

	A	B	C	D
1	RPAシステム			
2	@1をお送りいたします。			
3	To	Mail Address	Name	Other
4	To	test@marukentokyo.jp		
5				
6				
7				
8				
9				
10				
11				
12				

図4.13 MailList.xlsx のフォーマット

4.4 基本的なRPAシステムを動かしてみる

ここからはベーシックなRPAシステムを実際に動かしてみましょう。上手くいくまで、楽しんでトライしてください。

ここまでの設定と知識を集めて、基本的なRPAシステムを動かしてみましょう。SikuliX、Pentaho、Hinemosが連携してデータの取得から加工、メール配信までを完全自動で行います。

これにより、完全自動化の基本的な流れを体感することができます。P.viに記載の本書の付属データより、サンプルプログラムをダウンロードして動かしてください。

4.4.1 前提を確認する

Chapter3ですべてのソフトウェアがインストール完了し、動作確認が終わっているものとします。また、Chapter4の日付設定やメール配信設定などの環境構築も終わっているものとします。

4.4.2 設計

全体の流れを設計します。

①日付設定の共通化を使い、当日日付を入れたファイルを出力
②SikuliXを起動する
③SikuliXはWindowsアプリケーションを起動しログインする
④①で作った日付を設定し、CSVファイルをダウンロードする
⑤SikuliX終了
⑥Pentahoを起動する
⑦Pentahoは集計データを作成
⑧Excelを呼び出して、帳票を作成する
⑨帳票を添付しメール送信。自分宛にメールが届く

● DAF設計図を描く

この流れを設計図として描いてみましょう（図4.14）。SikuliX処理の入ったDAF-Aとその他のDAF-Bに分けます。DAF-AはSikuliXを使うロボット工場で、DAF-BはPanthoを使う自動化工場となります。

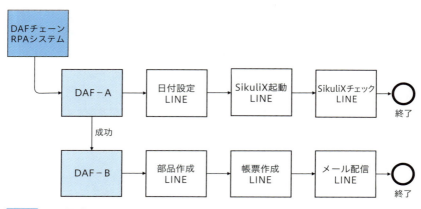

図4.14 DAF設計図

● Hinemosの体系に置き換える

このDAFチェーンを実装する際にはHinemosのジョブ管理を利用します。Hinemosのジョブ管理体系は図4.15のようになっています。

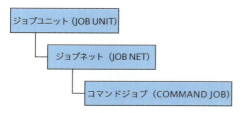

図4.15 Hinemosのジョブ管理体系

DAFチェーンの体系と比較すると表4.1のようになります。実装の設計はHinemosの体系を意識し、IDを付けます[※9]。

※9 DAFの概念と実装の命名規則が一致しませんが「さまざまなオープンソース・ソフトウェアを組み合わせて工夫する」ことが本書のねらいです。頭の中で変換して理解してください。

表4.1 DAFとHinemosの管理体系比較

DAF	Hinemos　ジョブ管理	IDの頭文字
DAFチェーン	ジョブユニット	JU
DAF	ジョブネット	JN
LINE	コマンドジョブ	JB

● IDを付ける

　ID付けにはルールを設けます。まず、ジョブユニットには「JU」という頭文字を付け、その後に4桁の数値を入れます。「JU1001」といった形になります（図4.16）。

　数値の最初の2桁は会社コードとして使っています。あなたが、自社だけでなく子会社（もしくは親会社）の完全自動化も任せられるようになることを想定して、「10」から始めて、「20」「30」と付けていきます[※10]。

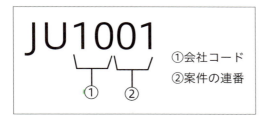

図4.16 ジョブユニットのID規則

　ジョブユニットの下にジョブネットが複数ぶら下がる構造になりますので、連番で「JN100101」と付けます。

　初期の設計時には想定していなかった要件が、後で追加になることも多々ありますので、「JN100101」の次のジョブネットは「JN100102」とはせず、「JN100110」としておくほうがよいです。

　この要領でIDを付けていくと、先ほどのDAF設計は図4.17のようになります。

※10　子会社も少なく、ジョブユニットに4桁も必要ないという場合は桁数を減らしてもよいです。

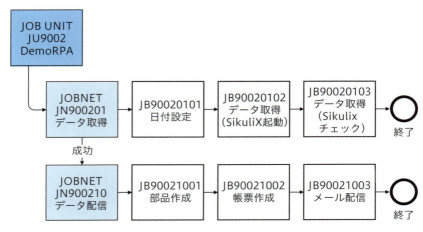

図4.17 IDを付けたDAF設計

4.4.3 SikuliXを開発

● エラーファイル削除部分を追加

3.3.5項「本格的なロボットを作る」で開発したSikuliXプログラムを使います。プログラム名は「JB900201.sikuli」です。

Hinemosからの呼び出しに対応します。プログラム終了時にエラーファイルを削除するために、リスト4.8のコードを付け加えます。

リスト4.8 JB900201.sikuli（SikuliXプログラムの修正①）

```
if __name__ == "__main__":

    （…略：関数などの呼び出し…）


    #----------------------------------------
    # 終了処理
    #----------------------------------------
    #処理終了を知らせるためエラーファイルを削除
    if os.path.isfile(err_file_path):
        os.remove(err_file_path)
```

● 日付ファイル読み込み部を追加

　期間設定部分も自動取得ではなく、ファイルで指定された日付を読み込むようにDownloadData()関数の中を変更します（リスト4.9）。

リスト4.9 JB900201.sikuli（SikuliXプログラムの修正②）

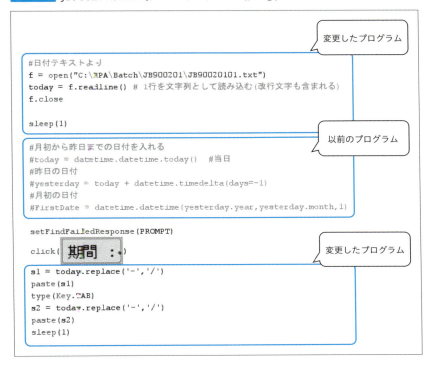

4.4.4　Pentahoを開発

　3.5.5項「ETL操作を試そう」で開発したPentahoのファイルを利用します。ファイルは「JB90021001.kjb」と「JB9002100101.ktr」です。

　Hinemosからの呼び出しに対応するために、「ファイル削除」ステップを追加して、エラーファイル削除を行います。

● 部品作成部を改修

　まず、部品作成を行う「JB90021001.kjb」に 図4.18 ①②のように「エラーファ

イル削除」ステップを追加します。

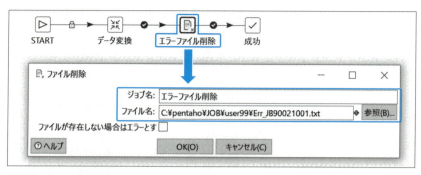

図4.18 部品作成部を改修①

「データ変換」ステップ内でエラーが発生した場合に、エラーファイルが削除されずに終了させるために分岐を行います（図4.19）。「DUMMY」ステップは何もしませんが、ここを「メール送信」ステップに変更してもよいです MEMO参照 。

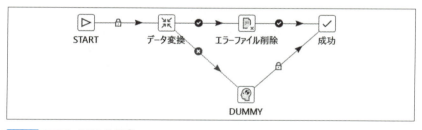

図4.19 部品作成部を改修②

MEMO

エラーメール

Pentahoの「メール送信」ステップを使うと、実行ログをメール本文に入れることができるため、詳細な実行内容が把握でき、デバッグに役立ちます。

エラーを知る方法として、Hinemosのエラー通知機能を利用することもできます。Hinemosのエラー通知ではPentaho処理の詳細なエラー内容を知ることはできませんが、Hinemosクライアントからエラー通知方法を柔軟に変更できるというメリットがあります。

Pentahoのメール送信機能は開発者向け、Hinemosのエラー通知機能は運用者や業務の関係者向けに利用するとよいでしょう。両方を組み合わせて、効率的に運用してください。

● 帳票作成部を作成

このPentahoのジョブ「JB90021002.kjb」を新たに作成します（図4.20）。帳票作成のロジックは図4.21のようになっています[11]。

1. Pentahoのジョブが「VB90021002.vbs」を呼び出す
2. 「VB90021002.vbs」はVBA[11]の入ったExcelテンプレートファイル「JB90021002.xlsm[10]」を起動し、GetData()関数を呼び出す
3. 「JB90021002.xlsm」は、JB9002100101.ktr（部品作成）を動かすと作成される「JB9002100101.csv」を取り込んで加工し、「C:¥pentaho¥Format¥work」に「RPAシステム日報.xlsx」を出力する

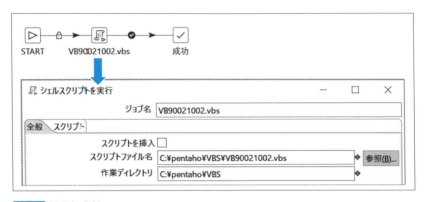

図4.20 帳票作成部

※11 「JB90021002.xlsm」と「VB90021002.vbs」は本書の付属データをダウンロードして内容を確認してください。

※12 Visual Basic for Applicationsの略称で、MicrosoftがMS Officeの拡張機能として提供しているプログラミング言語です。

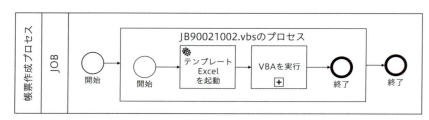
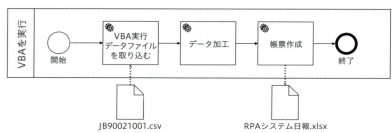

図 4.21 帳票作成ジョブのロジック

● メール配信を作成

Pentahoのメール配信ジョブ「JB90021003.kjb」も新たに作成します。図 4.22 を参照してください。

1. 「ファイル確認」で「C:¥pentaho¥Format¥work¥RPAシステム日報.xlsx」が作成されているかどうかチェックする
2. SendMail.vbsで「RPAシステム日報.xlsx」を添付し、メール配信する（SendMail.vbsの仕様は 4.3 節を参照のこと）
3. 「RPAシステム日報.xlsx」を「work」フォルダから削除する
4. エラーファイルを削除する

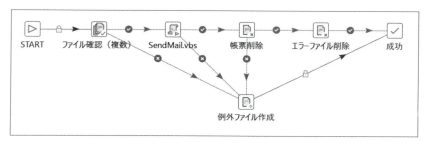

図 4.22 メール配信部

「SendMail.vbs」ステップをダブルクリックし、図4.23のように設定します。メール配信先はMailList.xlsxに設定しておいてください。

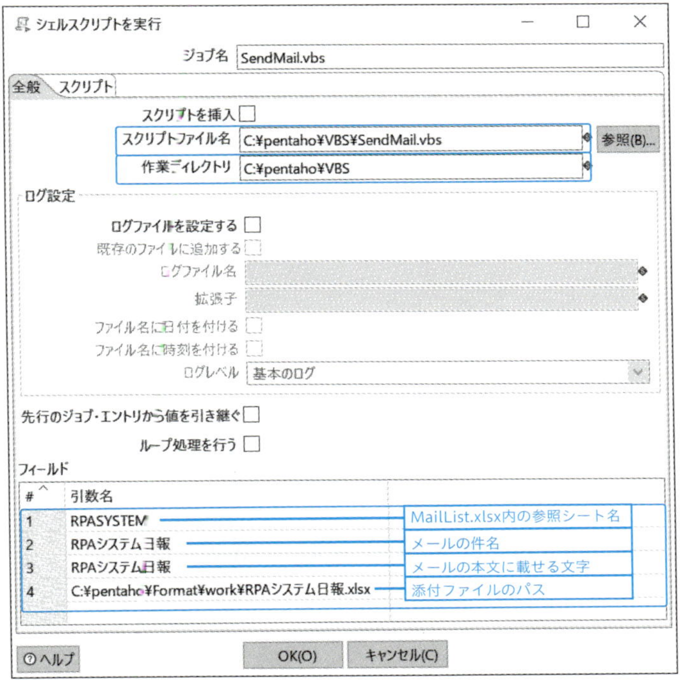

図4.23「SendMail.vbs」ステップの設定画面

画面内の引数名と説明:
- 1: RPASYSTEM ― MailList.xlsx内の参照シート名
- 2: RPAシステム日報 ― メールの件名
- 3: RPAシステム日報 ― メールの本文に載せる文字
- 4: C:¥pentaho¥Format¥work¥RPAシステム日報.xlsx ― 添付ファイルのパス

● 起動用バッチを用意する

Hinemosから起動するためのバッチファイルを作成します。「JB90021001.bat」については4.2節「運用管理からのETL起動および成否確認」を参照してください。

「JB90021002.bat」「JB90021003.bat」は4.3節「メール配信の共通化」で説明している「myRobo.exeを利用してデスクトップ上でPentahoを動作させる」方法を使用します。

4.4.5　RPAシステムを動かす

すべてのジョブがそろったので、いよいよHinemosに登録します。図4.17の設計書を参考にして設定すると図4.24のようになります。

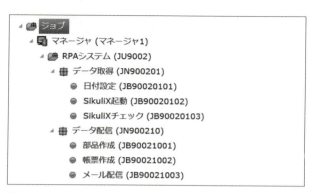

図4.24 ジョブ設定画面

ジョブネット「JN900210（データ配信）」は図4.25の設定になります。（本書は2色刷りなので表現できませんが）ピンク部分は必須入力項目（「ジョブID」、「ジョブ名」）です。また、「待ち条件」の設定を忘れないようにしましょう。

ジョブネット「JN900201（データ取得）」はこのジョブユニットの中で最初に実行されるジョブネットなので、待ち条件は必要ありません。

図4.25 ジョブネットの設定画面

コマンドジョブ「JB90020102」でSikuliXを呼び出す設定は図4.26のようになります。

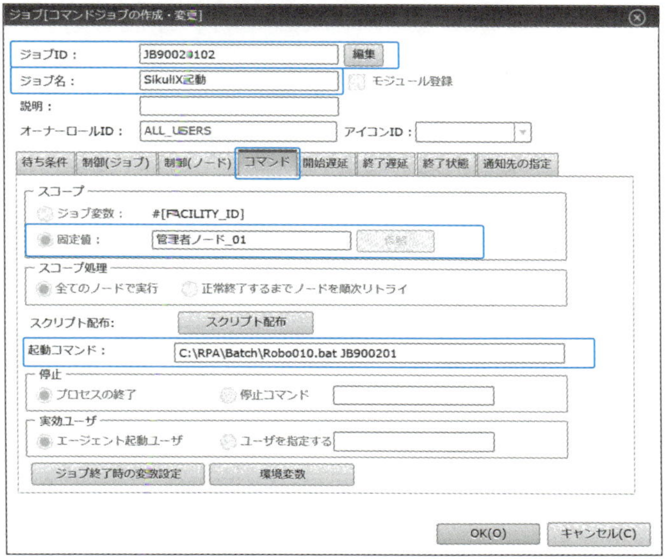

図4.26 ジョブの設定画面①

SikuliXのジョブが終了するまで約600秒待つコマンドジョブ「JB90020103」の設定は図4.27です。

Pentahoの処理を実行するコマンドジョブ「JB90021001（部品作成）」の設定は図4.28になります。

誌面の都合で図は掲載していませんが、コマンドジョブ「JB90021002（帳票作成）」とコマンドジョブ「JB90021003（メール配信）」はRobo100.batを利用しますので、起動コマンドに以下のように設定してください（Hinemosの設定画面上では、￥マークが\となります）。

```
C:￥RPA￥Batch￥Robo100.bat JB900201 C:￥pentaho￥JOB￥ ➡
user9C￥[Pentaho起動バッチファイル名] 600
```

本書付属データの「サンプルプログラム変更のポイント.pdf」をよく読んで設定してください。

- **「サンプルプログラム変更のポイント.pdf」の場所**
  sample/サンプルプログラム変更のポイント.pdf

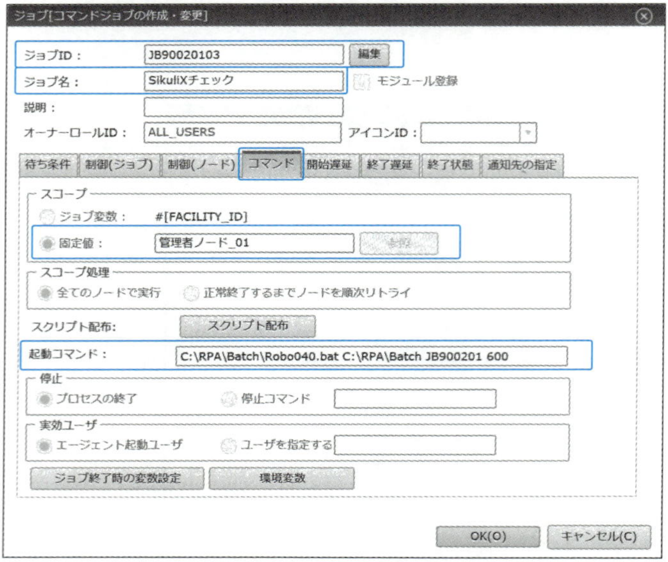

図4.27 ジョブの設定画面②

図4.28 ジョブの設定画面③

すべての設定が完了したら、Hinemos Managerに登録してから実行してください。一度で上手くいくことはないと思いますが、あきらめないで動かしてください。

> **COLUMN**
>
> ### 便利ツールとしても利用する
>
> 　ここまで、RPAシステムの一部としてSikuliXを紹介してきましたが、筆者は自分の作業効率を上げるための便利ツールとしても使っています。
>
> 　例えば、顧客の会社のネットワークにVPN接続する時です。顧客によってVPN接続を切り替えなければなりません。VPN接続を切り替えるたびに、ユーザーIDとパスワードを思いだして、キーボードで入力し、接続が完了するまで数十秒間待つのは苦痛です。
>
> 　そのような時、「VPN接続を行うSikuliXプログラム」と「SikuliXプログラムを呼び出すバッチファイル」を作っておくと、バッチファイルをダブルクリックするだけで、SikuliXがVPN接続の処理をすべて自動で実行してくれます。
>
> 　数十秒の間、別の作業ができるだけでなく、「同じ作業を何度も行う」という苦痛からも解放されます。
>
> 　他にも、月次で行う「基幹システムからのデータダウンロードと簡単な加工」もSikuliXにさせています。
>
> 　月1回しか実施しない、このような作業はログインパスワードや細かい業務手順を忘れてしまいます。以前は自分用にWordでマニュアルを作成していたのですが、今ではSikuliXがマニュアル代わりを果たしてくれています。自分しか使わないのでプログラムの完成度は低いのですが、それでも非常に作業効率が上がります。
>
> 　上記の例のような「簡単なパソコン作業」を自動化できることを売り文句にしてRPAツールを販売している企業もありますが、それは「デスクトップの便利ツール」レベルの話なので、年間何十万も払う必要はないと考えます。

CHAPTER 5 RPAシステムを運用する

ここでは作成したRPAシステムを運用する手法について解説します。RPAシステムは上手く運用できるかどうかが成否を決めます。一般的なシステムの運用とは違ったスキルが求められる奥の深い分野です。

RPAシステム自動実行設定の実際

RPAシステムは基本的には自動で実行されます。自動実行の方法について見ていきます。ここではブラウザ上のHinemosクライアントを使って説明します。

5.1.1　ジョブ設定［実行契機］

RPAシステムが実行されるトリガー（契機）となるのは、スケジュールです[1]。スケジュールの設定はまずメニューから「ビュー」（図5.1 ❶）→「ジョブ設定」❷→「ジョブ設定［実行契機］」❸を選択して、「ジョブ設定［実行契機］」ビューを表示します。

次に「ジョブ設定［実行契機］」ビューから「スケジュール作成」をクリックして設定します❹。

図5.1　実行契機

「ジョブ（スケジュールの作成・変更）」画面で「実行契機ID」と「実行契機名」を入力し（図5.2 ❶）、次に実行するジョブを選択してジョブ名を入力します❷。最後に、スケジュールを設定します。「毎日8:00」や「毎週月曜日9:30」といった設定が可能です❸。設定したら「登録」をクリックします❹。（本書は2色刷りなので表現できませんが）ピンク部分（「実行契機ID」「実行契機名」「ジョブID」）は必須入力項目です。

---

[1]　ファイルの変更を検知してジョブを実行させることもできます。RPAシステムではあまり使いません。

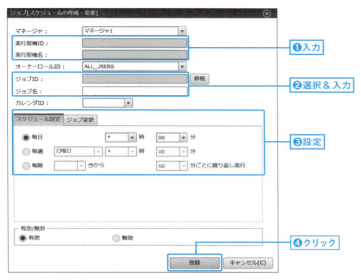

図5.2 スケジュールの作成・変更

5.1.2 カレンダ設定とカレンダパターン

カレンダ設定を利用することで、より高度な運用の自動化が可能です。例えば、毎日動かしているジョブであっても、月初の1日目だけは動かしたくないといった場合も対応できます。

カレンダ設定はメニューから「ビュー」（図5.3 ❶）→「カレンダ」❷→「カレンダ（一覧）」を選択して❸、「カレンダ［一覧］」ビューを表示します。「作成」をクリックして❹、「カレンダ［カレンダの作成・変更］」画面で設定します❺〜❿。

（本書は2色刷りなので表現できませんが）ピンク部分（「カレンダID」「カレンダ名」「有効期間（開始）」「有効期間（終了）」）は必須入力項目です。

図5.3 カレンダの作成・変更

次ページへ続く ➡

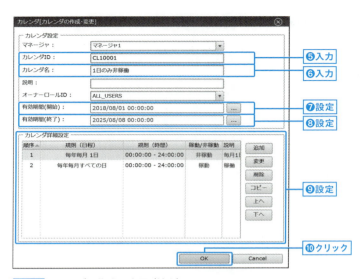

図5.3 カレンダの作成・変更(続き)

5.1.3 スケジュール予定の確認

「ジョブ設定［スケジュール予定］」ビューを利用すれば、将来、どのタイミングでジョブが実行される予定なのかを確認できます。具体的には、メニューから「ビュー」（図5.4 ❶）→「ジョブ設定」❷→「ジョブ設定［スケジュール予定］」を選択して❸、「ジョブ設定［スケジュール予定］」ビュー❹で確認します。

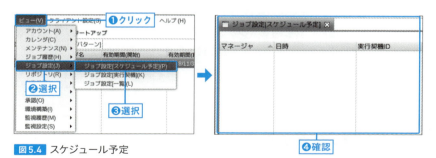

図5.4 スケジュール予定

例えば、朝一番に当日実行されるジョブ一覧を確認したい場合、「ジョブ［実行契機］」ビューから確認するのは困難ですので、このビューが便利です。

また、カレンダ設定を使い、複雑なスケジュールを設定した場合、意図した通りにジョブが実行される予定になっているかを確認するために利用します。

5.2 RPAシステム運用管理の実際

実際の運用は自動的なスケジュール実行だけではありません。様々なケースに対応できるテクニックをいくつかご紹介します。

5.2.1 ジョブのスキップ

ジョブネットを実行する際、一部のジョブのみをスキップして実行しない場合もあります。例えば、売上データをシステムからダウンロードする必要があり、通常はBIシステムからデータダウンロードできますが、メンテナンス中は基幹システムからデータダウンロードしなければならないケースなどです。

JB10010101（BIからダウンロード）、JB10010102（基幹システムからダウンロード）と設定しておき、通常はJB10010102をスキップしておきます。BIのメンテナンス中は逆にJB10010101をスキップ設定にする、という運用が可能です（図5.5）。

図5.5 ジョブのスキップ

5.2.2 ジョブの保留

営業日報を自動作成し、メール配信する完全自動化を例に考えます。仮運用の時点では、メールを自動配信するのは危険です。まだ、自動作成される帳票に誤りがある可能性が高いからです。

その時は保留機能を使ってください。保留機能を使うと、ジョブがメール配信の箇所で待ち状態になりますので、目視で帳票を確認して、内容に問題がなければ、保留状態を解除すればよいです（図5.6 ❶❷）。

解除方法は、「ジョブ履歴［一覧］」ビューの中で保留状態になっているメール配信ジョブを右クリックして「開始」を選択します。「ジョブ［開始］」画面が開くので、「開始［保留解除］」を選択して「OK」をクリックしてください（手順画面は割愛します）。

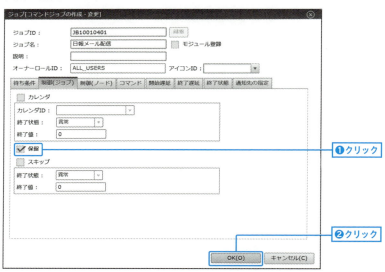

図5.6 ジョブの保留

5.2.3 通知機能

Hinemosではメール通知を使用することで、ジョブの実行結果をメールで送信できます。

ETL（Pentaho）からもメール通知できますが、ETL（Pentaho）からのメール通知は開発者に対して詳しい実行内容を通知する場合に使います。

ジョブ監視の通知機能は開発者向けではなく、運用管理者もしくは、この業務

の関係者に知らせたい時に使います。

　まず、メニューから「ビュー」（図5.7 ❶）→「監視設定」❷→「監視設定［メールテンプレート］」❸を選択して、「監視設定［メールテンプレート］」ビューを表示します。「作成」をクリックして❹、「メールテンプレート［作成・変更］」画面で監視設定の「メールテンプレート」を新規作成します（❺〜❾）。（本書は２色刷りなので表現できませんが）ピンク部分（「メールテンプレートID」「件名」）は必須入力項目です。

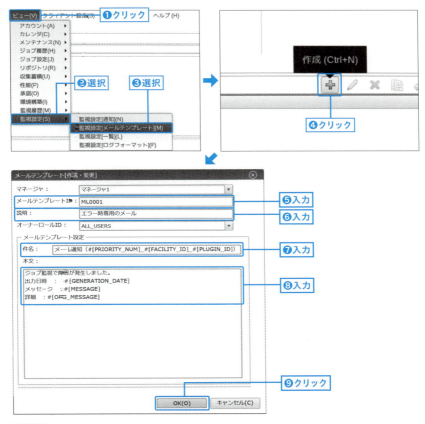

図5.7　メールテンプレート

　次に監視設定の「通知」を作成します。メニューから「ビュー」（図5.8 ❶）→「監視設定」❷→「監視設定［通知］」❸を選択します。「監視設定［通知］」ビューで「作成」をクリックすると❹、「通知種別」画面が立ち上がりますので、「メール通知」を選択した後❺、「次へ」をクリックします❻。

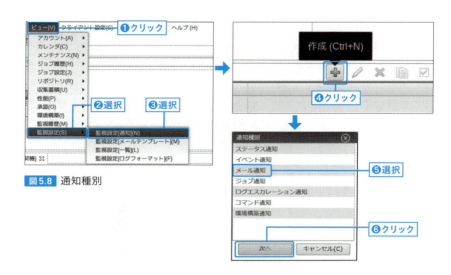

図5.8 通知種別

「通知（メール）[作成・変更]」画面で 図5.9 ❶～❺のように設定します。環境に合わせて変更してください。（本書は2色刷りなので表現できませんが）ピンク

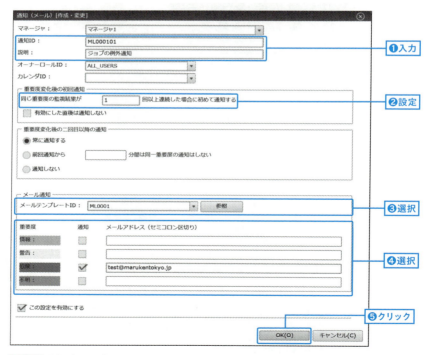

図5.9 通知（メール）

部分（「通知ID」「同じ重要度の監視結果…」）は必須入力項目です。

　これで、メール通知の事前設定は完了です。後はジョブ管理において、イベント発生時にメール通知されるように設定します。ジョブ管理のジョブユニット、ジョブネット、コマンドジョブ、どの階層でも通知が可能です。図5.10 はジョブユニットにおいて設定した例です。

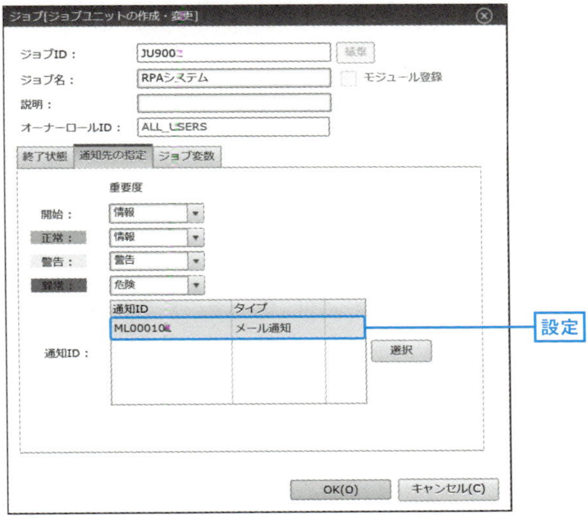

図5.10 ジョブユニットの通知先設定例

5.2.4　RPAシステムのバックアップ・リカバリ

　サーバー型RPAと違い、サーバー以外のバックアップも行う必要があります。自動化システムが動き始めると、次第に関係者は自動でその業務が行われるのに慣れていきます。そのため、ある日、突然止まると大騒ぎになる可能性があります。

　しかし、自動化環境を完全に2重化して「止まらないシステム」を構築するには費用がかかります。

　止まる（壊れる）ことを想定し、バックアップとリカバリ方法を整えると共に、関係者に対し、止まった時どうするのかを伝えておくことが重要です。

　バックアップの重要性はわかっているものの、後回しになってしまうことが多い（これは筆者だけでしょうか。一般的に、プログラマーは「ソフトウェアを作成することは好きだけど、その後の運用保守は面倒だ」と思ってしまう傾向にあると思っています）ので、意識して行いましょう。

● SikuliXプログラム

RPA端末の「C:¥RPA」フォルダのすべてのバックアップを行います。

● Pentahoプログラム

自動化サーバーの「C:¥pentaho」フォルダのすべてをバックアップします。

● MySQLデータ

MySQLのダンプバッチは下のようになります（なおバッチの実行時にはMySQLサーバーを停止してください）。ダンプファイル名「dump.sql」は自由に変更してかまいません。

［コマンドプロンプト］ダンプバッチのコマンド

```
set path="C:¥Program Files¥MySQL¥MySQL Server 5.7¥bin"
mysqldump -u [ユーザーID] -p[パスワード] [データベース名] > ➡
dump.sql
```

出力されたファイルを別のストレージにバックアップします。
リストア時は以下のバッチを実行します。

［コマンドプロンプト］リストアバッチのコマンド

```
set path="C:¥Program Files¥MySQL¥MySQL Server 5.7¥bin"
mysql -u [ユーザーID] -p[パスワード] [データベース名] < dump.sql
```

5.3 変更修正への対応

設定した内容を修正する場合の対応方法について解説します。技術力だけでなく対応力も問われる重要な仕事です。

　一般的なシステム開発とは違い、RPAシステムは変更修正がたびたび発生します。業務を取り巻くビジネス環境やインフラ環境が常に変動するからです。

1. 業務内容の変更
2. 完全自動化されたことによる業務の変更
3. Windows Update等によりRPAシステムのあるパソコン環境が変わる

　動いているRPAシステムに変更を加えるのは、わずかであっても、テストと仮運用をやり直す必要が生じます。「簡単だから」と気軽に変更して、次の日から動かなくなり、他のジョブにも影響を与えてしまうリスクがあります。

　例えば、読者のあなたが変更の作業をするとそれだけで人件費がかかります。RPAシステムが動かなくなるような緊急事態は仕方ありませんが、それ以外の変更要望をすべて受けていたら、効果と費用のバランスがとれなくなります。リスト化して優先順位を明らかにしましょう。経営層とのコミュニケーションを常に図り、経営視点からの判断を仰ぐことも重要です。

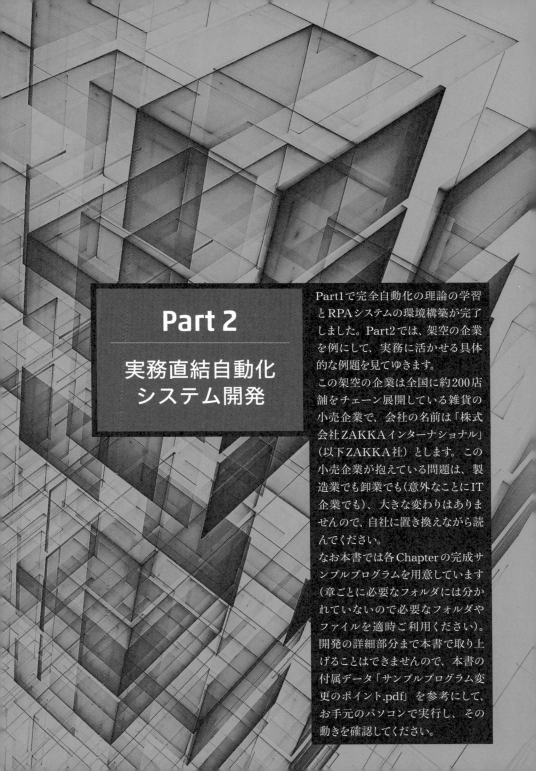

Part 2
実務直結自動化システム開発

Part1で完全自動化の理論の学習とRPAシステムの環境構築が完了しました。Part2では、架空の企業を例にして、実務に活かせる具体的な例題を見てゆきます。

この架空の企業は全国に約200店舗をチェーン展開している雑貨の小売企業で、会社の名前は「株式会社ZAKKAインターナショナル」（以下ZAKKA社）とします。この小売企業が抱えている問題は、製造業でも卸業でも（意外なことにIT企業でも）、大きな変わりはありませんので、自社に置き換えながら読んでください。

なお本書では各Chapterの完成サンプルプログラムを用意しています（章ごとに必要なフォルダには分かれていないので必要なフォルダやファイルを適時ご利用ください）。開発の詳細部分まで本書で取り上げることはできませんので、本書の付属データ「サンプルプログラム変更のポイント.pdf」を参考にして、お手元のパソコンで実行し、その動きを確認してください。

Chapter 6	営業日報作成配信業務の自動化
Chapter 7	EC受注レポート作成配信業務の自動化
Chapter 8	定番商品補充表作成の自動化
Chapter 9	情報システム部門マスタ登録業務の自動化
Chapter 10	システム間連携業務の自動化

CHAPTER 6 営業日報作成配信業務の自動化

このChapterでは営業日報を取り上げます。前日までの店舗別の売上や粗利が集計された表で、営業活動に利用されています。

6.1 自動化する案件

自動化の最初の案件として最もよく登場する営業日報の自動化について概要を解説します。

ZAKKA社では、店舗別の売上集計は基幹システムで出力できますが、営業日報は別途、手作業で作成しています。営業日報が経営判断や営業施策に影響を与えるので、こだわりが詰まった複雑な仕様となっているためです。担当者が毎日苦労して作成している営業日報をどうにか自動化したいという要望があります（ 図6.1 ）。

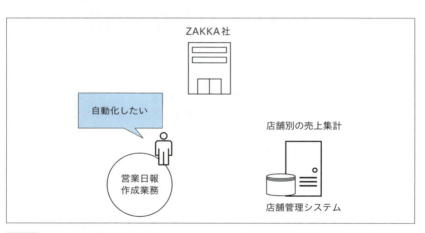

図6.1 自動化の要望

6.2 要件定義

現状を正確に把握することから始めます。まず全体を把握してから、詳細を詰めていきます。

6.2.1 現状把握（全体）

情報システム部門を中心にヒアリングをかけてわかった、日報が作成されるまでのシステム全体の流れを 図6.2 に示します。

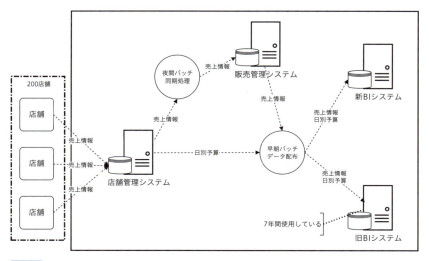

図6.2 システム全体図

POS機能に加え、商品移動処理や在庫照会など様々な店舗向けの機能を搭載した手作りの店舗管理システム、オフコンの販売管理システム、7年近く使っている古いBIシステムがあります。ZAKKA社では、最近、BIシステムの入れ替えを行いましたが、旧BIシステムも「営業日報に利用している」という理由で残ったままです MEMO参照 。

> **MEMO**
>
> ### BIシステム
>
> 筆者の経験では、BIシステムは主に資料作成のための「データ抜き取りツール」として使われ、定型業務に組み込まれていることが非常に多いです。
>
> 実務者がBIシステム本来のOLAP機能（Online Analytical Processingの略。オンライン分析処理のこと）を使い、データを多次元的に分析するような場面はほとんど見たことがありません。
>
> そもそも、業務が整理されていればKPI（Key Performance Indicatorの略。主要業績評価指標のこと）は定まっているはずですから、いろいろな切り口を見る必要はありません。つまり、「定型業務」と言えるほど整理された業務ならば、BIシステムは人が操作する必要はないわけです。
>
> BIシステム周りの業務をチェックすることが、完全自動化の対象業務を洗い出すコツになります。

旧BIサーバーの保守期限は切れており、いつ壊れてもおかしくない状態。これも営業日報の自動化が最初に選ばれた大きな要因です。

店舗管理システムから販売管理システムへは夜間バッチで売上伝票などのデータが流れています。その後、販売管理システムでは日次の締め処理が行われ、早朝にBIシステム用データを出力します。

BIシステムには販売管理システムからの売上データと店舗管理システムからのデータも早朝にバッチで取り込まれています。

● ヒアリングのポイント

ヒアリングポイントは以下のとおりです。

1. 何のシステムが関わっているか
2. データの流れとタイミング（バッチかリアルタイム処理か）

6.2.2　現状把握（個別案件）

次に詳細を把握していきます。営業日報作成業務の概要を関係者からヒアリングし、図式化します（ 図6.3 ）。

出店や退店に伴い店舗数が可変であるため、あらかじめ月初までに来月表示する店舗を固定したフォーマットファイルを作っています。

このフォーマットファイルにはあらかじめ昨年の実績 MEMO参照 や来月の日別

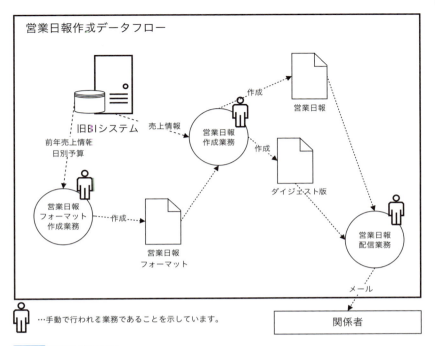

…手動で行われる業務であることを示しています。

図6.3 個別システム図

> 📝 **MEMO**
>
> ### 日別の昨年実績
>
> 　他の業界で聞いたことがないので、小売業特有のことかもしれませんが、昨年の実績との比較は日ごとに行います。当然、曜日が昨年とずれますので、曜日を合わせる「同曜日比較」と単純に日付で合わせる「同日比較」があります。月中は同曜日で比較し、月末になると同日で比較する、といった使い分けをします。
>
> 　前年実績との比較を重要視する傾向が強く、予算は「目標予算」や「がんばり目標」などと呼ばれることもあり、目安程度のことが多いようです。
>
> 　また、営業日報にはあまり関係ありませんが、予算と一口にいっても、「損益を考慮した最低限必要な予算」「営業目標としての予算」「実質ベースの予算（営業目標予算の95％など）」、上場していれば「社外に発表している予算」など複数を管理している企業もあります。
>
> 　経営企画の資料作成の完全自動化を行う場合には、このような文言が登場するかもしません。

予算を貼り付けて完成させますので、来月の日別予算を営業が提出し決定するまで作業はできず、月末ぎりぎりに2日間かけて作成しています。フォーマット作りの担当者は1人に固定されており、独立した職人のような位置付けになってしまっています。

日々の作業は旧BIシステムから売上データをダウンロードして、Excelにデータを貼り付けることです。営業日報は1つだけではなく、全店のダイジェスト版があり、日報作成後に必要なデータをダイジェスト版に転記する作業もあります。「毎月店舗数が変わりフォーマットも変わるため、ダイジェスト版に転記する総計の場所が動く」というのが、この転記作業を手動で続ける理由です。

BIシステムからのデータダウンロードに始まり、すべての日報を作り、種類によって配信先を変えながらメール配信し終えるまで、約1時間かかっています。これを365日、お盆も正月も関係なく早出して作業しているのです。

把握のポイント

1. データソースを特定する
2. データ作成のタイミング（月末にフォーマットを作るなど）

資料を入手する

現行で使っている営業日報（図6.4）やそのフォーマットを入手します。縦に200店舗分表示され、営業部やエリアごとに中計が入ってきます。また、複数の業態がありますので、業態種別ごとにも集計されます。

5月25日　営業日報

Area	Block	店舗CD	店名	売上数		売上金額			粗利率		
				当日	累計	日予算	勝敗	当日	累計	同曜日	同日
11	3	1147	1147店	150	6,300	160,000	○	853,81	51.5%	41.2%	41.2%
11	3	1175	1175店	225	3,750	120,000	○	212,69	46.7%	40.0%	41.0%
11	3	1185	1185店	165	9,825	200,000	○	247,05	43.9%	46.2%	46.5%
11	3	1195	1195店	285	6,660	640,000	×	569,63	47.9%	44.7%	45.3%
				825	26,535	1,120,000	○	1,883,19	48.1%	42.7%	43.2%
11	4	1192	1192店	360	9,510	64,000	○	156,38	52.1%	36.8%	37.3%
				360	9,510	64,000	○	156,38	52.1%	36.8%	37.3%
				1,185	36,045	1,184,000	○	2,039,57	48.5%	42.1%	42.6%
12	6	1053	1053店	30	2,550	64,000	×	1,50	48.2%	53.3%	53.7%
12	6	1154	1154店	195	8,130	240,000	○	274,79	54.7%	48.8%	50.1%
				225	10,680	304,000	×	276,29	52.3%	51.3%	52.1%
12	7	1169	1169店	210	5,265	80,000	○	159,18	50.4%	43.2%	43.4%
				210	5,265	80,000	○	159,18	50.4%	43.2%	43.4%
				435	15,945	384,000	○	435,47	51.9%	48.5%	49.2%
13	8	1001	1001店	150	3,495	80,000	×	39,37	44.6%	43.7%	43.7%
13	8	1189	1189店	195	4,635	840,000	×	439,51	48.3%	49.0%	48.8%
				345	8,130	920,000	×	478,88	47.1%	46.1%	46.0%
13	10	1059	1059店	15	2,610	48,000	×	3,75	36.2%	57.3%	54.4%
13	10	1069	1069店	105	2,925	80,000	○	869,61	47.2%	41.3%	39.9%
13	10	1071	1071店	120	2,310	1,640,000	×	23,70	57.9%	50.3%	48.6%
				240	7,845	1,768,000	×	897,06	45.3%	47.8%	45.5%
13	11	1003	1003店	180	4,575	120,000	○	674,38	48.5%	50.5%	50.1%
13	11	1155	1155店	180	2,835	1,200,000	×	246,87	46.3%	37.5%	37.4%
13	11	1164	1164店	15	2,475	96,000	×	82,50	52.8%	46.4%	46.3%
13	11	1187	1187店	195	4,995	400,000	×	260,79	49.6%	49.5%	49.4%
				570	14,880	1,816,000	×	1,264,55	49.6%	45.7%	45.7%
				1,155	30,855	4,584,000	×	2,840,45	47.0%	46.3%	45.7%
				29,535	693,150	50,192,000	○	64,727,60	48.5%	48.9%	46.9%

図6.4 サンプルプログラムの営業日報

この帳票の他にも、全店の情報をA4のシート1枚に収めた「全店ダイジェスト」があります。

● データソースを分析する

集めた資料から各項目のデータソース（データの出所）を確認します。現在の担当者にヒアリングすると、旧BIシステムで作り込んであるデータを貼り付けているだけなので、詳しくは知らないとのことです。

完全自動化にあたり、旧BIシステムは使えませんので、新BIシステムに販売管理システムと店舗管理システムから受け渡しているCSVデータをデータソースとすることにします。営業日報の各項目がこのCSVデータから作ることができるかどうかを1つ1つ確認していきます。

> **データソース分析のポイント**
> 1. 各項目の定義を把握する[※1]
> 2. 各項目のデータソースを把握する
> 3. データソースの変更についても検討する

データソースがわかったので、粒度とデータソースを資料にまとめます（表6.1）。

表6.1 粒度とデータソース

No.	管理項目	管理ポイント						保持期間	データソース
		期間		場所					
		日	月	店舗	ブロック	エリア	部		
1	売上数量	◎	○	○	○	○	○	2年間	販売管理システムCSV
2	売上金額	◎	○	○	○	○	○	2年間	〃
3	売上原価	◎	○	○	○	○	○	2年間	〃
4	売上予算	○	○	○	○	○	○	2年間	店舗管理システム
5	粗利金額	○	○	○	○	○	○	―	売上金額 - 売上原価
6	粗利率	○	○	○	○	○	○	―	粗利金額 ÷ 売上金額

[※1] 現在の担当者に各項目の説明を記載してもらうよう協力してもらいましょう。

6.3 自動化フロー

ここからは自動化フローについて詳しく解説します。現状フローは一度忘れて、クリアな頭であるべき姿を考えてください。

現状把握はほぼ完了です。次に自動化のフローを考えながら、同時に必要なインフラ構成を洗い出します。

1. 朝6:00までに販売管理システムと店舗管理システムから新BIサーバーにCSVでデータが送られてくるので、このCSVデータを使う
2. 新BIサーバー内のMySQLに自動化用のデータベースを作り、販売管理システムと店舗管理システムのデータを加工して自動化用データベースに格納する。これで「材料の投入」が完了したことになる。自動化用データベースには昨年の実績を含む過去のデータも入れておき、日々の実行時は、差分だけを格納していけば、前年比を作ることができる
3. Pentahoでデータベースから帳票作成に必要なデータを取り出し、加工して「部品」を作る。営業日報に必要なデータを逆算しながら作ることにするが、基本は営業日報の見た目と同じフォーマットを部品の段階で仕上げてしまう
4. ExcelのVBAを使って帳票を仕上げる。フォーマットとなるExcelファイルを用意しておき、そこにVBAを記述しておく。外部からVBAを動かすことで、帳票を作り、保存させる
5. 帳票ごとに宛先を変えてメール配信する。メール配信まで終わったら、保管のために自動化サーバーと化した新BIサーバーの中にZip形式で圧縮して保存しておく

上記の自動化フローを図にします（ 図6.5 ）。図にすることで、文章ではわかりづらいフローが一目で理解できるようになります。また、DAFが「投入」「加工」「組立」「出荷」の4つのLINEに対応していることもわかります。これ以上複雑になるようでしたら、2つ以上の業務によって構成されているということです。

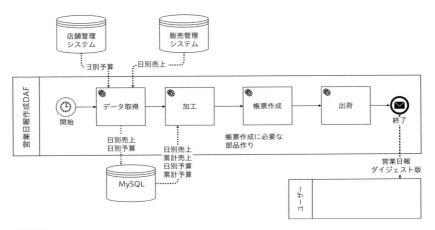

図6.5 営業日報自動化フロー

6.4 インフラ環境構築

ここからはインフラ環境の構築手法について解説します。初めての自動化案件なので試行錯誤しています。

新BIサーバーを自動化サーバーとして使うことにします。次に考えるのが運用管理をどうするかです。

完全自動化しても365日運用しなくてはいけないことには変わりありませんので、運用管理ツールは絶対に必要です。「毎日、失敗していないかサーバーのログを確認する」なんてことは考えるだけで「ぞっ」としますね。

まず、自動化サーバーに仮想デスクトップ環境を作り、Hinemos Managerをインストールします。自動化サーバーにHinemos AgentとPentahoをインストールして、Hinemosのジョブ管理機能から、Pentahoのジョブを動かしてみるデモシステムを作ります。

基本的なインフラの動作をつかんだところで、クラウドサーバーを使い本格的にシステム構築を行います。稼働時間をコントロールして使えば、月額1万円もかからない計算です。動作がよくなかったら、サーバーのスペックを上げればよいだけなので、スペックはあまり気にしません。

全体のインフラ環境は 図6.6 のようになります。

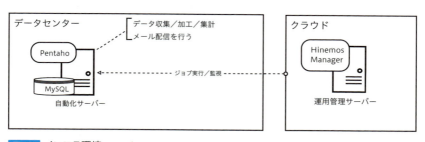

図6.6 インフラ環境

6.5 設計

> DAF全体の設計に着手します。自動化フローを参考にし、DAFの形を考え、Hinemosで動く体系に置き換えながらIDを付けましょう[※2]。

初めての完全自動化案件なのでDAFの組み方も手探り状態です。単純に図6.7 のようなDAF設計を考えます。しかし、この設計では、どこかでエラーが発生した時は、最初からやり直さなくてはなりません。

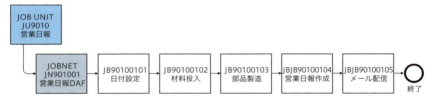

図6.7 最初のDAF設計図

材料投入DAFと製造出荷DAFを分けてDAFチェーンを作ります（図6.8）。このほうがテストも実運用も楽になるでしょう。メール配信はいったんスキップして、後であらためてメール配信を実施することにします。

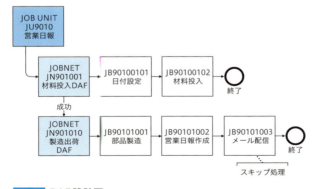

図6.8 DAF設計図

[※2] 設計の考え方は2.5節「設計・開発」を、IDの付け方は4.4節「基本的なRPAシステムを動かしてみる」を参考にしてください。

これで、全体のフローができました。次に 表6.1 の粒度分析をもとにMySQLのテーブルを設計し、テーブルを作ります。

売上に関しては、「日」と「店舗」を主キーとして、「売上数量」「売上金額」「売上原価」を持つ「tsales」テーブルを作成します。粗利金額、粗利率は計算で出せばよいのでテーブルには保持しません。

日別予算は「日」と「店舗」を主キーとして、「売上予算金額」を項目とする「tdailybudget」テーブルを作成します MEMO参照 。

サンプルプログラムで使うデータベース

サンプルプログラムをダウンロードした方はMySQLも使えるようにしておいてください。sample_dbをリストアすれば、必要なテーブルが生成されるようになっています。テーブルの設計は、まずこのままにして、最後までサンプルプログラムが動くようにしてください。その後、ご利用の環境に合わせてカスタマイズしてください。

なお以下のテーブルは必要な部分だけを掲載しています。リストアの手順は、サンプルのリストア手順書.pdfを参照してください。

```
Sample_db（データベース）
  ├activedate      稼働日付
  ├marea           組織マスタ（エリア）
  ├mblock          組織マスタ（ブロック）
  ├mdate           同曜日マスタ
  ├mlocation       店舗マスタ
  ├msection        組織マスタ（部）
  ├tdailybudget    日別予算
  ├tlydate         前年同曜日
  └tsales          売上
```

ベースが整ったので開発に入りましょう MEMO参照 。

設計の粒度

あまり詳細まで設計せずに開発し始めます。社内開発が前提ですので、ウォーターフォール型の開発にこだわる必要はありません。実際、詳細まで設計を詰めても、開発し始めると、わからない箇所や勘違いしている箇所がいくつも見つかるものです。あまり、いい加減に作るのもいけませんが、ほどほどのところで開発し始めたほうがよいと思います。詳細な設計は開発しながら進めます。慣れてきたら、多くは同じような要件の繰り返しですので、設計段階でも詳細まで詰めることができるようになってきます。

6.6 開発

サンプルプログラムが動く状態になっているものとして、ポイントを説明していきます。

6.6.1 材料投入DAFの開発

● 日付設定LINE

営業日報の作成対象日付は、Pentahoのプログラムの中に直接記述せず、テキストファイルを読み込む仕様にします。作成対象日付を変更したい場合は、このテキストファイルに記述してある日付を修正します。Pentahoのプログラムを直接修正しなくてよいのでテストも運用も楽になります。

● 材料投入LINE

日付取込

「JB90100101日付設定」で作成したテキストファイルを読み込んで、MySQLの「activedate」テーブルに格納する「Pentahoのデータ変換」を作ります（ 図6.9 ）。

「日付設定ファイル」ステップには「当日」が入り、「activedate」テーブルには1日前の日付が入るように「計算」ステップで加工します。理由は、「今日の営業日報」の中身として「昨日の実績」が入るからです。

図6.9　日付取込

ここで、このデータ変換を保存するIDを何にするかという問題が発生します。Pentahoのジョブ（DAFの体系で言うとLINE）より細かい部分は設計せずにスタートしたからです。 図6.10 のような設計を同時進行しながらIDを付けていきます。日付取込は「JB9010010201」となります。

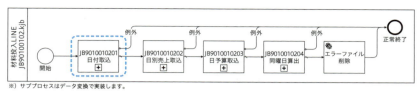

図6.10 材料投入LINE

日別売上取込と日予算取込

次に「JB90100102 材料投入LINE」の中の1つ「JB9010010202 日別売上取込」を見てみましょう（**図6.11**）。

ここではデータソースとなるCSVデータをMySQLに投入する部分を作ります。売上日付と店舗コードをキーにして集計してから「tsales」テーブルに更新をかけています。同様に日予算も取り込みます。「挿入/更新」ステップは本書の付属データ「サンプルプログラム変更のポイント.pdf」を参考にして修正してください。

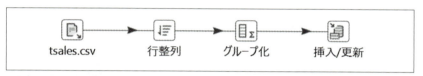

図6.11 日別売上取込

同曜日算出

「JB9010010204 同曜日算出」では同曜日を同曜日マスタ「mdate」テーブルから算出し、「tlydate」テーブルに格納します（**図6.12**）。「tlydate」テーブルの中身は**図6.13**のようになります。このデータはのちほど部品製造LINEで同曜日実績を取得する際に使います。部品製造LINEでは部品製造だけに注力したいので、部品作りに必要な環境作りは材料投入LINEで済ませておきます。

図6.12 同曜日算出

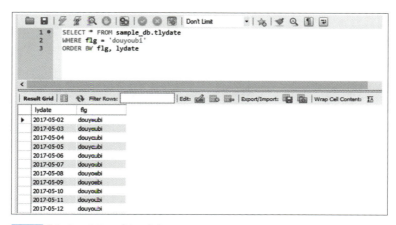

図6.13 「tlydate」テーブルの中身

> **ATTENTION**
>
> ### サンプルプログラムの注意点
>
> 　同曜日マスタ「mdate」は事前に数年分を手作りしてテーブルに格納しています。数年後に更新を忘れるリスクがありますので、長めに作っておきましょう。うるう年を考慮して動的に曜日を判定させるプログラムを作ってもよいのですが、「単純に曜日合わせをすればよい」というものでもありません。
>
> 　例えば、2018年5月31日(木)の同曜日は2017年6月1日(木)ですが、月末の同曜日の扱いは会社によって違います。また同じ会社でも変更されるケースがあります。
>
> ①2018年5月31日(木)の同曜日は2017年6月1日(木)
> ②2018年5月31日(木)の同曜日は2017年5月31日(水)
> ③2018年5月31日(木)の同曜日は2017年5月1日(月)
>
> 　③を選択した場合、5月全体で売上実績を比較すると同日比較と同じことなります。
> 　このように、いろいろなパターンに対応するために同曜日テーブルを手作りしておいたほうが便利なのです。「現場の要望はロジカルなシステム通りにはいかない」ということです。

LINE開発

　「JB90100102 材料投入LINE」を構成する「データ変換」部分が完成したので、材料投入LINEをPentahoの「ジョブ」で作成します(図6.14)。図6.10の設計図とあまり見た目が変わりません。文字で記述されたプログラムに苦手意識のある方でも、直観的に処理内容が理解できます。

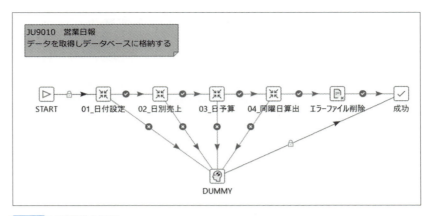

図6.14 材料投入LINE

> 📝 **MEMO**
>
> ### サンプルプログラム変更のポイント
>
> Pentahoのデータベース接続のパスワードを環境に合わせて変更してください（ 図6.15 ）。
>
>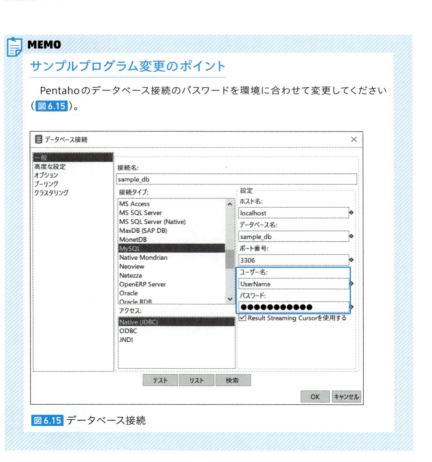
>
> **図6.15** データベース接続

「JB901001の2　材料投入LINE」が単独で動くことを確認し、日付設定LINEの「JB901001の1」も合わせてHinemosから動くように設定します。これで、「JN901001　材料投入DAF」が完成したので、いつでも売上や予算のデータを自動でMySQLに投入できる体制が整いました。

ついでに、過去データの移行プログラムもPentahoで作成しておきます[※3]。

6.6.2　製造と出荷DAFの開発

● 部品製造LINE

営業日報は現行と同じくExcelで作成することにします。ExcelのVBAを使って加工しますが、Excel側で大きな加工をしないで済むように、あらかじめ部品の段階で作り込んでおくことにします。

Excelはあくまで「帳票作成ツールの代わり」という位置付けで考え、将来的にツールの変更があった時の影響を少なくしたいからです。

「JB90101001　部品製造LINE」はすべてPentahoで行います。大枠の流れを図6.16のように設計します。

1. データ投入部で開発したMySQLから基礎データを作り、「JB9010100101.csv」を出力する
2. 「JB9010100101.csv」を読み込み、組織ごと（営業部や販売チャネルなど）に集計する。「JB9010100102.csv」を出力する
3. 「JB9010100102.csv」を読み込み、粗利率や昨年対比などの項目間計算を行う。「JB9010100103.csv」を出力する
4. 作成日付を書き出す「JB9010100104.csv」

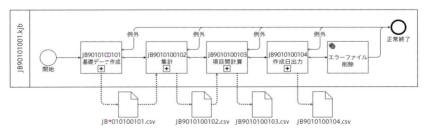

図6.16　部品製造LINE

※3　テスト期間中は何度もデータを取り直す可能性があるため、1つのDAFとして作っておくことをお勧めします。

● 基礎データ作成

LINEの設計ができたので、「JB9010100101 基礎データ作成」を開発します（図6.17）[4]。当月売上、前日売上、日予算など必要なデータを突合して[5]1つのファイルを作ります。突合するキーは店舗コードです。最後に「JB9010100101.csv」として書き出します。

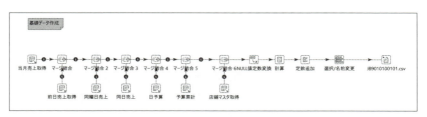

図6.17 基礎データ作成

集計

「JB9010100102 集計」では、「JB9010100101 基礎データ作成」で作られた「JB9010100101.csv」を使って、総計、Section、Area[6]などで集計します。集計データは、すべて結合し、「JB9010100102.csv」として出力します（図6.18）。

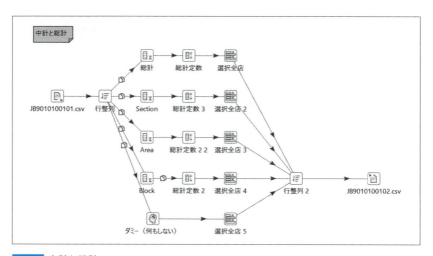

図6.18 中計と総計

※4 Pentahoのデータ変換レベルについては、設計書を作成していません。開発終了後に設計書にデータ変換のハードコピーを貼り付けて完成としています。

※5 「マージする」「ジョイン（JOIN）する」とも言います。Excelをよく使う実務者は、「ブイルック（Vlookup()関数）する」などと言います。本書では「突合する」に統一しておきます。

項目間計算

さらに「JB9010100102 集計」で製造された「JB9010100102.csv」を使って、「JB9010100103 項目間計算」で売上昨年比や粗利率などを算出します（図6.19）。

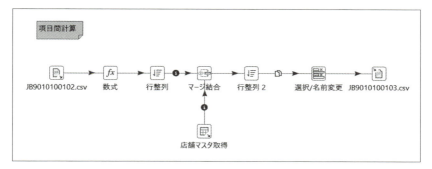

図6.19 項目間計算

項目間計算時はゼロ除算エラー[7]が発生する可能性があるので、「数式」ステップを使って例外対応します（図6.20）。

#	新しいフィールド	数式	データタイプ
1	Victory	IF([Budget]>[Sales];"×";"○")	String
2	GMper	IF(ISERROR([GM]/[Sales]);0;[GM]/[Sales])	BigNumber
3	GMMonper	IF(ISERROR([GMMon]/[SalesMon]);0;[GMMon]/[SalesMon])	BigNumber
4	GMperDy	IF(ISERROR([GMDy]/[SalesDy]);0;[GMDy]/[SalesDy])	BigNumber
5	GMperDj	IF(ISERROR([GMDj]/[SalesDj]);0;[GMDj]/[SalesDj])	BigNumber
6	AcvPerMon	IF(ISERROR([SalesMon]/[BudgetMon]);0;[SalesMon]/[BudgetMon])	BigNumber
7	SalesByDy	IF(ISERROR([SalesDy]/[SalesMon]);0;[SalesDy]/[SalesMon])	BigNumber
8	SalesByDj	IF(ISERROR([SalesDj]/[SalesMon]);0;[SalesDj]/[SalesMon])	BigNumber

図6.20 数式

作成日出力

帳票内に作成日付を表示させるため「JB9010100104.csv」を出力します。

---

[6] サンプルプログラムでは、店舗は「Section→Area→Block→店舗」という階層で管理される仕様となっています。

[7] 0で除す（割る）割り算のことです。多くのプログラムと同様にPentahoでもエラーとなります。

● 帳票作成LINE

ExcelのVBAを開発します。

1. 「JB90101001　部品製造LINE」で出力したCSVファイルを読み込む
2. 読み込んだCSVデータに「表題を付ける」「罫線を付ける」「色を付ける」などの加工を行い帳票を作成する
3. 完成した帳票を別のBOOKに複製し、名前を付けて保存する

帳票作成に足りないデータがあれば、部品製造LINEに戻ります。自分で設計した帳票であれば、仕様は完全に把握できていますが、他人の作った複雑な帳票を作る場合はある程度の試行錯誤が必要となります。

ただし、この段階で「データソースの把握が漏れていた！」となると、大きな手戻りになるので、現状調査はしっかりしておきましょう。

 MEMO

サンプルプログラム変更のポイント

　C:¥pentaho¥Format¥JB90101002.xlsmの中にVBAのプログラムが記述されています。見た目を変更したい場合はプログラムを変更してください。
　このExcelのマクロを外部から実行するためのVBスクリプトが、C:¥pentaho¥VBS¥JB90101002.vbsです。

● メール配信LINE

メール配信の共通ロジック（**4.3.1項**を参照）を構築します。この仕組みを構築することにより、メール配信先を担当者側でメンテナンスできるようになります。

MEMO

サンプルプログラム変更のポイント

　メール配信リスト（Excel）は「C:¥pentaho¥JOB¥user99¥Common¥MailList¥MailList.xlsx」です。場所を移動した場合は「C:¥pentaho¥VBS¥SendMail.vbs」の中のパスも変更してください。

6.6.3　Hinemosの設定

　Pentahoを起動させるためのバッチ「JB90100102.bat（材料投入LINE）」「JB90101001.bat（部品製造LINE）」を作ります[※8]。

　「JB90101002.bat（営業日報作成LINE）」と「JB90101003.bat（メール配信LINE）」はmyRobo.exeを利用してPentahoをデスクトップ上で動作させるために作成します。

　バッチの作成ができたら、Hinemosの設定を行います（図6.21）。それぞれのコマンドジョブの待ち条件に「前のコマンドジョブが正常終了したら」という条件を忘れないようにしてください。詳細な設定については、本書の付属データ「サンプルプログラム変更のポイント.pdf」を参照してください。

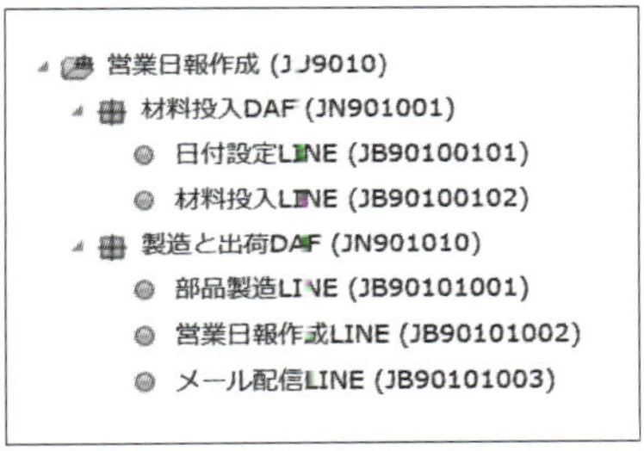

```
▲ 営業日報作成 (JJ9010)
   ▲ 材料投入DAF (JN901001)
       ○ 日付設定LINE (JB90100101)
       ○ 材料投入LINE (JB90100102)
   ▲ 製造と出荷DAF (JN901010)
       ○ 部品製造LINE (JB90101001)
       ○ 営業日報作成LINE (JB90101002)
       ○ メール配信LINE (JB90101003)
```

図6.21　Hinemosへの登録

6.6.4　テスト

● 動作検証

　Hinemosを動かしてみましょう。当日設定からメール配信まで上手く動いたでしょうか？　最初から上手く行くことはありません。動作が止まる箇所があれば、原因を調べ、対処してください。

● データ検証

　Hinemosを実行して、営業日報を作成し、現行の営業日報との答え合わせを繰り返します。

[※8]　4.2節「運用管理からのETL起動および成否確認」を参照してください。

A)「JB90101001 部品製造LINE」と「JB90101002 営業日報作成LINE」を動かし、現行の営業日報と答え合わせをする[※9]
B) 違っている点を調査して、部品を直し、またAに戻る

6.6.5　仮運用

　仮運用を始める前に、MySQLのデータを最新に更新します。移行プログラムを作っておけば、この作業は簡単に終わります。
　最初は自分のみに営業日報が届くように設定して、確認作業を行います。たとえテスト段階で上手く動作したとしても、実際に運用を始めると、簡単には安定稼働してくれません。
　1週間ほど安定稼働し、帳票に誤りがなくなったら、現行の営業日報を作成している実務者にも送信し、チェックしてもらいます。しっかりとテストしたつもりでも、本番に近い運用をするといくつか見落としている仕様がきっとあります。
　ZAKKA社では月初は前月末日の営業日報を作成します。通常の「速報的な意味合い」とは違い、ある程度確定された数値が望まれています。そのため全店舗のデータがすべてそろっていることを実務者が確認してから、営業日報を作成します。このような例外的な運用もありますので、すべての動作確認が終了するまで1ケ月以上かかります。

> **MEMO**
>
> ### サンプルプログラム変更のポイント
>
> 　日付設定バッチ「JB90100101.bat」を起動すると「JB90100101.txt」が「user99」フォルダ内に作成され、ファイル中に固定された日付が入ります。
> 　運用時は、前日日付が動的に入るように変更してください。
>
> ```
> call C:¥RPA¥Batch¥DateSetting.vbs 1 C:¥pentaho¥JOB¥user99➡
> ¥JB90100101.txt
> ```

※9　「製造と出荷DAF JN901010」を1度実行するだけで、2つのLINEを順次実行できます。「JB90101003メール配信」をスキップ（5.2.1項を参照）しておけば、毎回メール配信されてしまうことはありません。

6.7 運用

ここからは、作成したシステムの運用方法について解説します。自動化に関わる人は開発者以外も全員理解するようにしてください。

6.7.1 日常運用

Hinemosのジョブ設定「実行契機」で毎日6時から実行されるようスケジュール設定をします。「JB90101003　メール配信LINE」はスキップ処理をしておき、営業日報が作成されても、すぐに配信されないようにします。理由は2つあります。

1. 配信される時間が朝早くなりすぎるため
2. いったん目視で営業日報の中身を確認したい場合があるため

メール配信LINEだけは朝8時に実行されるようにスケジュール設定します。

6.7.2 月初運用

月初1日は全店舗のデータがすべてそろっていることを実務者が確認してから手動でHinemosを実行するため、自動配信を停止します。

設定は「カレンダ機能」を使います（図6.22）。「カレンダの作成」を行い、カレンダ詳細設定で順序1「毎年毎月1日に非稼働」、順序2「毎年毎月すべての日に稼働」とすることで、上記の条件で動作する設定が完了します。

図6.22 カレンダ設定

> **COLUMN**
>
> ### プログラマーを増やす
>
> 業務の完全自動化は筆者1人で始めました。この企業の社長は長い間課題であった、営業日報自動化の成功を受け、すぐに自動化チームを拡大する決断をしました。
>
> 筆者は要件定義から設計の一部については、教育することにより実務者にもできるようになるだろうと考えました。一方、プログラミングを実務者が覚えるのは困難です。
>
> そこでプログラマーを1人だけ増やしてもらうようにお願いしました（プログラマーのスキルについては2.6.3項を参照してください）。
>
> この企業の従業員の中にはプログラマーに該当する方がいなかったので、派遣会社を通してプログラマーを見つけました。
>
> そのプログラマーはRPAやETLは使ったことも聞いたこともなく、COBOLやAccess VBAでの開発案件が多かったそうですが、1週間ほどで完全に戦力になってくれました。
>
> RPAシステムは複雑に見えますが、「枯れた技術」を利用して構成されていますので、プログラマーであれば数日で全容が把握できます。難しいプログラムの知識も必要ありませんので、AccessやExcelのVBAを使えるプログラマーの方であれば、すぐに開発できるようになるのです。

CHAPTER 7 EC受注レポート作成配信業務の自動化

近年、数多くの企業がECモールに出店しています。ほとんどの企業は「新規事業」として取り組んでおり、実務がまったくシステム化されていないままスタートしています。このこと自体も問題なのですが、さらに問題を深くしているのは「経営者の認識と現場の現状の乖離が大きい」ということです。経営者は「ECは最新のITなので、当然IT化されているはずだ」と考えています。そのためITのプロがEC事業に配置されることは少なく、実務者のみが配置されシステム化が進まない原因となっています。

7.1 自動化する案件

> このChapterで扱う自動化する内容について簡単に説明します。案件が発生する背景についても理解してください。

　ZAKKA社は200店舗の実店舗を運営する強みを背景に、約3年前からECモールに出店を始めました。最初は商品部の一業務としてスタートしましたが、売上規模が大きくなり、2年目からEC事業部として独立しました。

　しかし、3年目になり伸び悩む売上高に対し、経費は増える一方です。EC事業部としてはまだ赤字ですので、これ以上人員を増やすわけにはいきません。

　ぎりぎりの人数で日々の煩雑な実務に追われています。経営層やマネージャへの実績報告も遅れがちになっており、自動化の要望が出てきています（ 図7.1 ）。

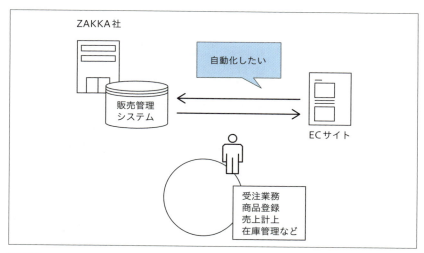

図7.1 ECサイトにかかわる業務の自動化

7.2 要件定義

このChapterで扱う案件の要件定義について解説します。今回は少し業務改善を含みます。

7.2.1 現状把握（全体）

EC事業部長、実務者を交えてミーティングを行い、大枠をつかみます（図7.2）。

- 現在、自社サイトを1つ持ち、外部のECモール3つに出店している
- 業務ごとに担当者がいる
  1. 商品のマスタ登録・管理担当者
  2. サイトに表示する商品の画像処理担当者
  3. 受注や売上の分析・レポート担当者
  4. ECサイトの売上を販売管理システムに計上する担当者
  5. 商品の補充や発注を行う在庫管理担当者

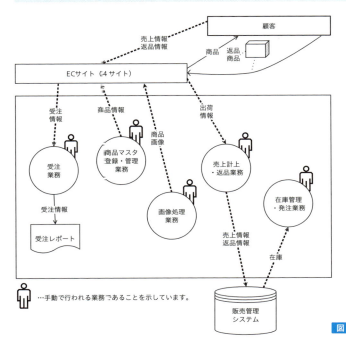

図7.2 ECの全体図

ECサイトは合計4つありますから、単純に考えると20人必要となりますが、兼務をすることで13〜15人でまわしています。業務は他にもSNSへの情報更新やメルマガ配信、顧客管理、返品やクレームの対応など、様々あります。

ほとんどの業務は手作業で行われるため、日々の業務に追われており、改善を考える人自体がいない状況です。また、経営者には「EC事業なのにIT化されていない」という現状を理解してもらえておらず、部内にはITに詳しくない実務者しかいません。

7.2.2　現状把握（個別案件）

● 自動化する案件を決める

経営者の1番の不満は「EC事業のレポートがほとんど出てこないうえに、わかりにくい」ということです。ITの専門化を配置していないので自業自得なのですが、まずEC受注レポート[※1]の自動化からスタートすることにします。

● 資料を入手する

レポート作成担当者から現在の受注レポート（ 図7.3 ）を入手します。

一番上に全4サイトの合計があり、その下に各サイトの実績があります。商品区分A〜Dがありますので、ZAKKA社独自の商品区分を持っていることがわかります。

「商品区分はデータソースから拾えるのか」という疑問が湧きます。今後、要件定義で詰める必要があります。

前年比もありますが、どうやって出しているのでしょうか？「毎回、ECサイトから期間を指定して取得している」、もしくは「過去データをExcelに保存している」という方法が考えられます。

全体として、表頭（表の横列の項目）はバラバラでわかりにくい表です。予算比、前年比も「計」のところに入っているだけです。

※1　顧客が購入した時点では「受注」として扱われ、ECサイトから商品が出荷された段階で「売上」として扱います。そのため、速報として売上レポートではなく、受注レポートが作成されます。

	受注点数	受注金額			
合計	累計	累計	1点単価	予算比	前年比
商品区分A	999	9,999,999	9,999,999		
商品区分B	999	9,999,999	9,999,999		
商品区分C	999	9,999,999	9,999,999		
商品区分D	999	9,999,999	9,999,999		
計	999	9,999,999	9,999,999	99.9%	99.9%

	受注点数	受注金額			
自社サイト	累計	累計	1点単価	予算比	前年比
商品区分A	999	9,999,999	9,999,999		
商品区分B	999	9,999,999	9,999,999		
商品区分C	999	9,999,999	9,999,999		
商品区分D	999	9,999,999	9,999,999		
計	999	9,999,999	9,999,999	100%	99.9%

※ポイント引き後の実績

	受注点数	受注金額			1点単価
サイトA	累計	累計	予算比	前年比	
商品区分A	999	9,999,999			9,999,999
商品区分B	999	9,999,999			9,999,999
計	999	9,999,999	99.9%	99.9%	9,999,999

図7.3 EC受注売上表

● データソースを特定する

再度担当者にヒアリングし、疑問点を解決します。

1. データソースは4つのECサイトからダウンロードする受注実績データと受注レポートのフォーマットファイル（Excel）だけである
2. 商品区分は受注実績データの中にある「ブランド」区分と商品コード体系から判別して作成しているので、商品マスタなど他のデータソースはない
3. フォーマットファイルにはサイト別の月次予算と、月次実績が入力されており、ここから予算と前年比を計算している
4. 経営層からは、商品区分別予算、日毎予算などを求められることが想定できるが、この方法を拡張すれば対応可能である

● データソース特定のポイント

データソース特定のポイントは以下のとおりです。

1. 資料を分析して、データソースを想定する。その上で実務者にヒアリングすると理解が進みやすい
2. 今後の拡張も想定してデータソースを把握する

● 現状の業務フロー

受注レポート用のデータを取得する際、以前は各ECサイトの担当者がそれぞれのECサイトにログインして、データをダウンロードして加工していました。4つのECサイトはそれぞれ項目がまったく違うため[※2]、加工方法が違います。

現在は1人が担当していますが、ECサイトごとの加工方法は各サイトの過去の担当者が編み出した「伝統」があり、レポート作成者は4とおりの方法を引き継いで「伝承」しています。

加工した4サイトのデータは、EC事業部の共有フォルダにあるフォーマットファイルに貼り付けてレポートが完成です（ 図7.4 ）。

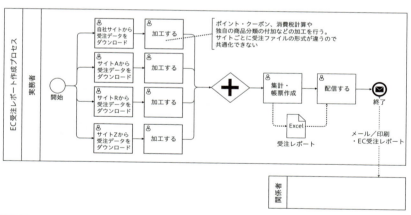

図7.4 ECレポート作成フロー

中には 図7.5 のようなデータが作成されるECサイトもあります。

※2 ECサイトにより、消費税の扱い（税込か税抜か）やクーポン、ポイントの表示方法などすべてが違います。

受注CD	商品番号	販売価格	合計金額	使用ポイント
XXX-18050101	A001	2000	10800	500
XXX-18050101	A002	5000	10800	500
XXX-18050101	A003	3000	10800	500

図7.5 ECサイト受注明細例

図7.5の3行の明細は1つの伝票です。実際に顧客が使用したポイントは500ポイントなのですが、受注ヘッダーと受注明細が結合された状態でデータが生成されるので、すべての明細に対して500ポイントを使ったように見えます。

これを考慮して1行目だけのポイントを活かして、他を除外するようにプログラムすればよいのですが、実務者にはそのような技術はありません。

そのため①受注CDが複数存在する行を見つける、②その受注CDの一番上の行のポイントだけは残して他のセルに0を入力する、という作業を数百行にわたって手で修正しています。

● ECサイトのポイント

ECサイトのポイントは以下のとおりです。

1. サイトによって異なる税金やポイントの扱いを整理する
2. 非効率な作業をヒアリングによってつかむ

各ECサイトから取得できるCSVファイルのどの項目を使っているのか、どのような計算をしているのかをよく確認しておかないと、開発者が正しく開発することができませんので、丁寧に確認しましょう[※3]。

● 作成タイミングを知る

この一連の作業に約1時間かかり、毎日作成するのは時間がかかりすぎるため、受注レポートを作るのは月曜日の朝からのEC事業部営業会議の時だけです。レポート作成担当者はこのために8時から早出残業しています。

また、月初1日はたとえ休日でも作成し、メール配信しています。さらに、ECサイトによっては、データの反映が2日以上遅れますので、月初2日も朝（朝にデータが反映されていなければ夕方も）に前月集計を作成しています。

※3　依頼者の方が一から手作業でレポートを作成できるほどに理解できていないと、結局プログラマーが開発の時点で工数をかけなければならないことになります。

7.2.3　個別案件の要件定義

現状がよくわかったので、これから、どのような自動化を実現したいのかをすりあわせます。

Chapter6では現状の帳票イメージのまま作成することを重視しましたが、さすがにここでは現状のフォーマットは使えません。まず、この機会にEC受注レポートのフォーマットを大きく変えることにします。

● 成果物イメージ

現状のフォーマットは項目が不ぞろいでわかりにくかったため、すっきりとした一般的なフォーマットの集計表を目指します。主に当レポートを見ることになる経営層の見慣れたフォーマットです。

簡単な雛形は自動化チーム側で作り、後はEC事業部と経営層で仕様を固めてもらいます。

図7.6のフォーマットが完成形です。

yyyy/MM/dd EC受注レポート												
当日売上	受注点数	1点単価	受注金額	受注内訳【通常】	受注内訳【予約】	予算進捗率	前年進捗率	予算	予算日割	予算比	前年実績	前年日割	前年比
EC_ALL	495	1,010	499,995	499,995	9,999	-	-	4,999,995	499,995	100.0%	499,995	499,995	100.0%
自社サイト	99	1,010	99,999	99,999	9,999	-	-	999,999	99,999	100.0%	99,999	99,999	100.0%
サイトA	99	1,010	99,999	99,999	0	-	-	999,999	99,999	100.0%	99,999	99,999	100.0%
サイトR	99	1,010	99,999	99,999		-	-	999,999	99,999	100.0%	99,999	99,999	100.0%
サイトZ	99	1,010	99,999	99,999	0	-	-	999,999	99,999	100.0%	99,999	99,999	100.0%

売上累計	受注点数	1点単価	受注金額	受注内訳【通常】	受注内訳【予約】	予算進捗率	前年進捗率	予算	予算日割	予算比	前年実績	前年日割	前年比
EC_ALL	495	1,010	499,995	499,995	9,999	10.0%	100.0%	4,999,995	499,995	100.0%	499,995	499,995	100.0%
自社サイト	99	1,010	99,999	99,999	9,999			999,999	99,999	100.0%	99,999	99,999	100.0%
サイトA	99	1,010	99,999	99,999	0			999,999	99,999	100.0%	99,999	99,999	100.0%
サイトR	99	1,010	99,999	99,999				999,999	99,999	100.0%	99,999	99,999	100.0%
サイトZ	99	1,010	99,999	99,999	0			999,999	99,999	100.0%	99,999	99,999	100.0%

図7.6　EC受注レポートイメージ

変更点は以下のとおりです。

1. 商品区分別の実績を表の右側に付ける（図7.6では見えない）。担当者が詳細を見たい場合は横にスクロールする。経営層やマネージャは詳細に分析したいわけではないので、この情報が見られれば十分
2. 今までの月単位の累計に加え、当日売上[*4]も追加
3. 受注区分を追加し、通常の受注と予約を分割して把握できるようにする
4. サイト別予算を追加

● 自動化に合わせて帳票フォーマットを変える際のポイント

帳票フォーマットを変える場合のポイントは以下のとおりです。

> 1. あまり新しい要件を詰め込まれすぎないようにコントロールすること[5]
> 2. すべて自動化チーム側でやらず、ユーザー部署も巻き込んで仕様決めすること。ただし、1の変更点は死守する

※4 実際は前日の受注。営業はこの呼び方に慣れています。
※5 実務者側はここぞとばかりに項目や区分を追加しようとしがちですが、本来の「早く実務者を楽にして、かつ帳票を使う方の利便性を改善する」という目的が遅れてしまいます。第1フェーズは自動運用を開始することを目的としましょう。

7.3 自動化フロー

要件定義が完了したので、続いて自動化フローを考えていきます。

EC受注レポートは「速報」ですので、確定データほどの正確性を求められるものではありません。したがって、過去データを振り返ったり分析したりすることもありませんので、データベースを使う必要性は薄いと考えます。

予算と前年実績も、今までと同じ運用（フォーマットファイルに直接入力しておく）でも負荷は大きくないという担当者の話をもらったので、現行のフローはほとんど変えず 図7.7 のように自動化することにします。

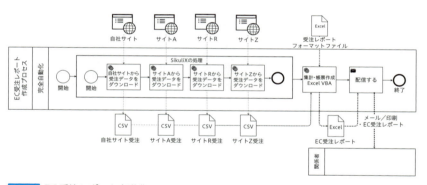

図7.7 EC受注レポート自動化フロー

● フロー概要

フロー概要は以下のとおりです。

1. Hinemosのスケジュール機能でSikuliXを呼び出して、4つのECサイトから受注データをダウンロードさせる
2. ダウンロードした受注データは自動化サーバーに保存する。EC受注レポートのフォーマットファイルはファイル共有ツールを使って、担当者の端末と自動化サーバーのテンプレートを同期させる

3. 自動化サーバー内で、Excelマクロを使い4つの受注データを加工して、EC受注レポートの形に整形する
4. できあがったEC受注レポートをメールに添付して関係者に配信する

● 自動化のポイント

自動化のポイントは以下のとおりです。

1. 必ずしもRPAシステムのすべてのツールを使わなくてもよい。早く確実に動く方法を考える
2. 運用後に要件が複雑化したらツールの構成を変えて改修してもよい

7.4 インフラ環境構築

ここで扱うインフラ環境の構築方法について簡単に解説します。

Chapter6の「営業日報」の時とは違い、画面操作が必要となるため、RPA端末を設置します。自動化サーバーはChapter6の営業日報で構築したサーバーを利用します（図7.8）。商品管理担当者の端末と自動化サーバーをファイル共有ツールでつなぎ、テンプレートファイルを同期させます。

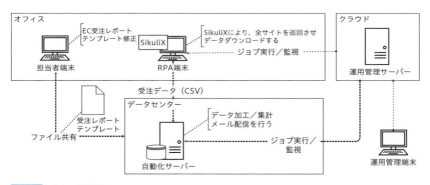

図7.8 インフラ環境

7.5 設計

SikuliXの起動とチェックを含む設計方法について簡単に解説します。

　自動化フローで考えた手順でDAFを設計し、IDを振ります。このIDがHinemosに登録するジョブのIDとなります。

　データ取得はRPA端末で実行され、帳票作成以降は自動化サーバー内で実行されることにします。自動化フローのところで考えたようにデータベースは使わず、データ加工を含めてExcel VBAで開発する設計です（ 図7.9 ）。

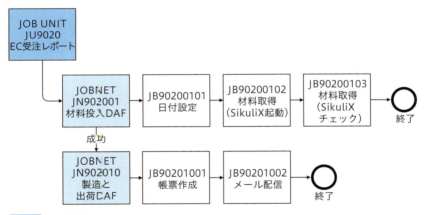

図7.9　DAF設計

　「これでだいたい設計できた」と言いたいところですが、もう一工夫必要です。SikuliXで各ECサイトからデータを取得する際に、「自社側でコントロールできないことが起きる」からです。

1. 管理画面が突然変更されたり、ポップアップ表示が加わったりすることがある
2. パスワードを定期変更しなくてはならないサイトがある
3. ECサイト側のデータ作成が遅れることがある

考えてみれば、「他社のシステムを利用している立場上、自社側でコントロールできないことが起きる」という当たり前のことですね。ここが通常のシステム開発と違うところです。「仕様を決めてくれないと開発できません！」というわけにはいきません。

通常の設計であれば、SikuliXで例外が発生したら即処理を中止し、帳票作成自体を止めてしまう設計にするところです。しかし、それでは1週間に1回くらいは止まってしまい使い物になりません。

そこで、例外が発生した場合には、「データ取得失敗」を知らせるファイルを出力して、そのEC管理サイトを正常に終了させ、次のECサイトのデータを取得するよう設計して異常終了しないようにします（図7.10）。

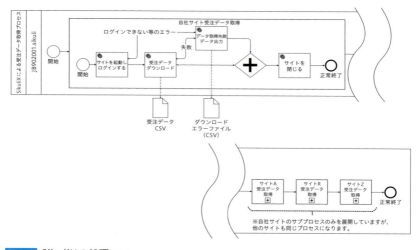

図7.10 SikuliXの処理フロー

Excel VBAで帳票を作成する時に「データ取得失敗」テキストファイルがあれば、コメント欄に「サイトのエラーのため集計しておりません」と記述する仕様にします。これで、毎日止まらないレポートになります。

7.6 開発

SikuliXによる開発を行います。サンプルプログラムを参考にして動かしながら理解してください。

7.6.1 材料投入DAFの開発

日付設定LINE

Chapter6と同様に日付設定は別ファイルに持たせます。この日付ファイルをもとにECサイトからの受注データの取得期間や帳票に表示される日付が決まります。

> **MEMO**
>
> **サンプルプログラム変更のポイント**
>
> JB90200⁻01.batを起動するとJB90200101.txtが「C:¥pentaho¥JOB¥user99¥CSV¥JU9020」内に作成され、ファイル中に「2018-05-18」と記述されています。実運用に使う場合は、このバッチのパラメータを変更してください。

材料取得LINE（SikuliX）

設計で考えたようにSikuliXに4つのECサイトから受注データを取得させるようプログラムします。1つのSikuliXプログラムの中に4つのECサイトの操作をすべて記述するのはプログラムが長くなりすぎて管理が難しくなってしまいます。図7.11のように各ECサイト操作用のサブプログラムを作り、1つのメインプログラムから呼び出すようにしましょう。

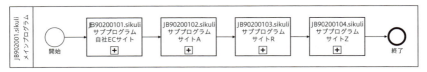

図7.11 SikuliXプログラムの構造

「JB902001.sikuli」に各サブプログラムをインポートし、各サブプログラムの処理一括実行関数を呼び出します（ リスト7.1 ）。例外処理はメインプログラムでは行わず、呼び出されるサブプログラムで処理します（ リスト7.2 ）。

　画像が見つからなかった場合は「FindFailedエラー」が発生します。画像検索失敗以外のエラーもキャッチし、共通ライブラリ「mylib」内のMakeExceptFile()関数を呼び出して、データ取得失敗ファイル「ECDATA_(サイト名)_ERROR.csv」を作成します（ リスト7.3 ）。データ取得失敗ファイルのパスはサブプログラムの中で変数site_errfile_path に格納され、MakeExceptFile()関数に引数として渡されています。

リスト7.1 JB902001.sikuli（一部）

```
(…略…)
#　サイト操作の読み込み
import JB90200101      #　自社サイト
import JB90200102      #　サイトA
import JB90200103      #　サイトR
import JB90200104      #　サイトZ

if __name__ == "__main__":
(…略…)
    JB90200101.RunProgram()  #　処理の一括実行
    JB90200102.RunProgram()
    JB90200103.RunProgram()
    JB90200104.RunProgram()
```

リスト7.2 JB90200101.sikuli（RunProgram()関数）

```
(…略…)
def RunProgram():
    #　すべてのプログラムを実行する
    Debug.user("[JB90200101] func [RunProgram]")
    try:
        OpenSystem()
        LoginApplication()
        OperateMenu()
        DownloadData()
        CloseApplication()
    except FindFailed:
```

```
        mylib.MakeExceptFile(site_errfile_path)
    except Exception, e:
        mylib.MakeExceptFile(site_errfile_path)
(…略…)
```

リスト7.3 mylib.sikuli（MakeExceptFile()関数）

```
(…略…)
def MakeExceptFile(ExceptFileName):
    '''
    ECサイトでファイルがなかった場合の共通の例外処理
    エラーファイルを作成する
    '''
    #エラーファイルを作成する
    str = u"エラーが発生しました"
    f = open(ExceptFileName,'w')    # 書き込みモードで開く
    f.write(str)    # 書き込む
    f.close()       # ファイルを閉じる
```

　受注データがなかった場合は画像検索エラーとして処理せず、サブプログラムのDownloadData()関数内でキャッチして、共通ライブラリ「mylib」内のMakeExceptFile()関数を呼び出します（ **リスト7.4** ）。その後、正常に画面を終了させます。

> **MEMO**
>
> ### サンプルプログラム変更のポイント
>
> 　SikuliXのサンプルプログラムを動かすと、上手く動かない場合があります。筆者がサンプルを作った環境と読者の方の環境ではWindowsのバージョンや解像度が違うため、SikuliXが画像認識できないのです（ **図7.12** ）。
>
>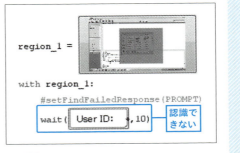
>
> **図7.12** SikuliXが画像認識できない

以下のいずれかの方法で修正を行ってください。

1. setFindFailedResponse（PROMPT）のコメントを外す。プログラムを動かすと画像認識できない箇所で止まるので、画像を再キャプチャーする
2. 開発画面でスクリーンショットを撮り直す

リスト7.4 JB90200101.sikuli（DownloadData()関数の一部）

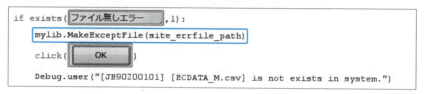

MEMO

サンプルプログラム変更のポイント

　サンプルプログラムの「JB902001.sikuli」を実行すると、ECサイトのデモ画面である「DemoWebApplication.exe」が起動します。ダウンロードされるファイルは「C:¥RPA¥DemoWebApplication¥orderdata」に入っています。このフォルダに対象ファイルがなければ、「ファイルなしエラー」が発生する仕様になっています。

　ダウンロードに失敗した場合をテストするためには、「orderdata」フォルダからファイルを削除するか、リネームしてください。

7.6.2　製造と出荷DAFの開発

● 帳票作成LINE

　現状分析で判明した非効率な手作業は、ExcelのVBAで代行することにします。プログラムを使えばわずか数秒で終わってしまいます MEMO参照 。

> **MEMO**
> **Excelの操作について**
>
> 　データの加工をデスクトップ型RPAにExcelを操作させることで行うことも不可能ではありません。本当に簡単な操作でしたらデスクトップ型RPAにさせたほうがよい場合もあります。
> 　しかし、マウス操作やショートカットコマンドでの操作が10ステップ以上あるような加工になるとVBAに比べ遅いうえ、Excelの環境が少し変化しただけでも失敗することがありますので、RPAシステムとしては現実的な選択ではありません。
> 　この例のように複雑になると、RPAでデータ加工するのは止めるべきです。

● VBAの中身

VBAの中身は以下のとおりです。

1. テンプレートファイル「C:¥pentaho¥JOB¥user99¥Common¥ECDailyReport¥DailyReportTemplate.xlsx」をコピーして、「EC受注レポート」を作成する。日付の記入を行い、レポートの「型」を作る
2. ECサイトAからダウンロードした受注データに商品区分を付け、受注金額、数量を計算する（税抜修正などもここで行う）
3. Excelのピボット機能を使い、商品区分で受注金額、数量を集計する。予約区分が判別できるサイトは予約区分での集計も行う [6]
4. ピボット集計した値を「EC受注レポート」に転記する。2〜4を4サイト分繰り返す
5. 当日受注金額を前日バックアップファイルとの差分により算出する [7]
6. データ取得失敗ファイル「ECDATA_(サイト名)_ERROR.csv」があれば、コメント欄に「○○サイトのエラーによりデータがとれませんでした」と入れる
7. ECサイトAは受注データの反映まで2日以上かかるため、受注日付の最終日を取得し、コメントに入れる

※6　ECサイトによっては、在庫がない場合予約できる機能が付いています。受注金額に加えるが、内訳として表示したいという要望があります。

※7　日付で計算せず、前日との差分で算出する理由は、受注日が受注データに入っていないECサイトがあるからです。

● EC受注レポート作成のポイント

EC受注レポート作成のポイントは以下のとおりです。

1. 見る方が余計な頭を使わなくてよいように注意書きを入れる。受注金額がゼロで出ていたら、「本当に受注がないのか？ それともエラーなのか？」と余計なことを考えないといけなくなる。エラー表示をしていても、「ECサイトのエラーなのか？ 自社のシステムの問題なのか？」と考えてしまう
2. 「受注日付が取れないサイト」や「受注データの反映が遅いサイト」など、こちらの思いどおりにならないことがある。試行錯誤しながら、柔軟に対応する

Excelの開発が完了したら、このExcel VBAを呼び出すVBスクリプト「VB90201001.vbs」を作ります。VBスクリプトはPentaho「JB90201001　帳票作成LINE」から呼ばれるように設定します。

● メール配信LINE

メール配信は営業日報配信の時に作成したメール配信の共通ロジック（4.3.2項参照）を使います（図7.13）。メール配信後に、バックアップフォルダに当日分のEC受注レポートを移動させます（図7.14）。単純なバックアップの意味もありますが、次の日に「当日売上」の算出に使うからです。名前はJB90201002.kjbとします。

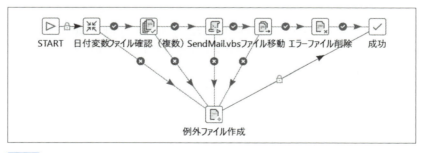

図7.13 メール配信LINE

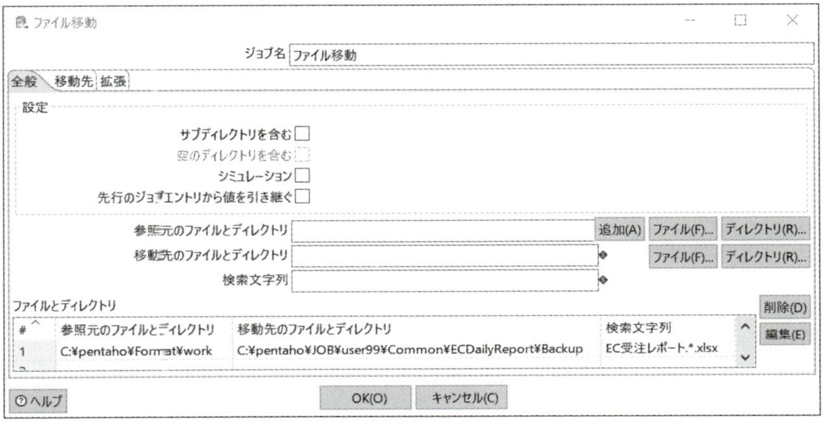

図7.14 ファイル移動の設定画面

7.6.3 テストと仮運用

　SikuliXプログラム「JB902001.sikuli」単独で動くようにテストします。例外が発生した時にはデータ取得失敗ファイル「ECDATA_(サイト名)_ERROR.csv」が作成されることを確認します。複数のECサイトがありますので、丁寧にテストしましょう。

　次にExcel「C:¥pentaho¥Format¥JB90201001.xlsm」単独でテストします。「C:¥pentaho¥JOB¥user99¥CSV¥JU9020」に4つのECサイト受注データがそろっているパターン、どれかのECサイトでデータ取得失敗ファイルが作成されているパターンがあります。VBスクリプト「VB90201001.vbs」を直接実行しても、問題なく動作するでしょうか？　「EC受注レポート_yyyyMMdd.xlsx」が生成されていれば成功です。

　Pentahoの処理「JB90201001　帳票作成LINE」と「JB90201002　メール配信LINE」も単独でテストし、問題なければ全体を組み上げます。

　設計図を参照し 図7.15 のようにHinemosに登録して、結合テストを行います。SikuliXが画面操作を行い、ダウンロードされたファイルが加工され、EC受注レポートとして配信されれば成功です。自分宛にメール配信されるように設定して仮運用を行いましょう。

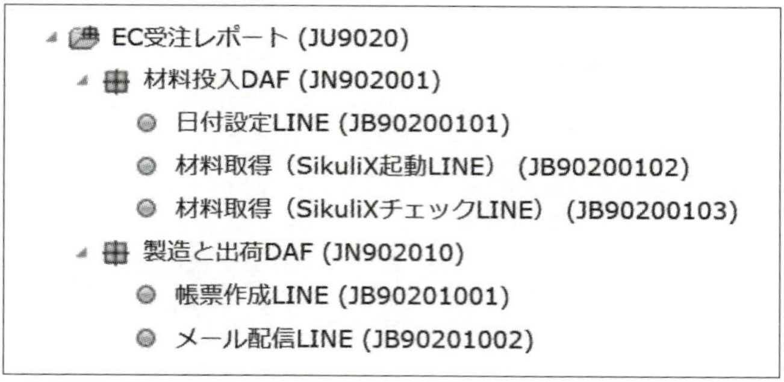

- ▲ 🏭 EC受注レポート (JU9020)
  - ▲ 🎛 材料投入DAF (JN902001)
    - ⊚ 日付設定LINE (JB90200101)
    - ⊚ 材料取得（SikuliX起動LINE）(JB90200102)
    - ⊚ 材料取得（SikuliXチェックLINE）(JB90200103)
  - ▲ 🎛 製造と出荷DAF (JN902010)
    - ⊚ 帳票作成LINE (JB90201001)
    - ⊚ メール配信LINE (JB90201002)

図7.15 Hinemosへの登録

7.7 運用

運用方法について簡単に解説します。

毎朝8時30分から「JU9020 EC受注レポートDAFチェーン」がスタートするようにHinemosにスケジュール設定します。理由として、その時間より早いと前日データができていないECサイトがあるからです。

前述したようにECサイト側の変更により例外が発生することがあります[※8]。その場合は、いったんデータが取れていないままレポートを配信し、必要があればプログラマーが出社してから修正を行います。

月初の前月受注レポートもHinemosでカレンダ設定を使い、自動作成・自動配信されるように設定します。

この完全自動化により、次のメリットが生み出せます。

1. 週次の会議だけでの報告だったものが、日次で経営層まで自動配信されるようになり、経営判断および営業判断が劇的に早くなる
2. 実務者の早出残業もなくなり経費削減できる

反面、自動化チーム側としては、改修は常時続けなければならないという業務が発生しました MEMO参照 。

※8 パスワードの定期変更により失敗することもあります。パスワードを定期変更しなければならないECサイト用に「パスワード定期変更DAF」を作ることもできますが、自社のセキュリティポリシーに従って判断してください。

> **MEMO**
>
> ### 業務責任の所在について
>
> 　完全自動化をしたからといって、業務がゼロになるわけではありません。今まで実務者が行っていた10の仕事が1に減って、自動化チームに移動するのが現実です。
> 　「その場合の業務責任はどこになるのか？」というのが問題になるかもしれません。筆者は「自動化チームにある」と決めたほうがよいという意見です。自動化チームは正式な部署ではないことが多いでしょうが、実績を出して正式部署に格上げしてもらい、責任を持って業務にあたるというのが本筋でしょう。
> 　責任を持たずにRPAシステムの開発だけを行うと、ただの下請け業者のようになり実務部門からの要望を受け続けることになります。
> 　責任と共に主体性を持てるように政治力を身につけましょう。

> **COLUMN**
>
> ### ロボ死す
>
> 　何件か案件をこなし、若手社員もチームに加わり調子が出てきた頃でした。20時頃、その若手社員から、SikuliXを入れていたRPA端末が異音を出して壊れたという電話が入りました。
> 　自動化の運用自体は手でカバーできるレベルでしたが、問題はSikuliXのプログラムソースのバックアップをしていなかったことです。
> 　結局、若手社員ががんばってくれたおかげで、RPA端末は生きながらえました。次の日に急いでバックアップを取り、別のパソコンに移し替えました。
> 　SikuliXは画像認識で処理を行うため、画面解像度や壁紙、ダイアログのフォントなどが変わると認識できなくなる場合があります[※9]。新しいRPA端末を構築して、すべての動作を確認するまで、丸1日かかってしまいました。
> 　完全自動化についての知識が少なく、余っている端末を適当に選びRPA端末にしたのが間違いでした。安定稼働を目指すためには、RAIDの組んであるよいパソコンを使うか、サーバーに仮想環境を構築して使う、クラウドを利用するなどの手が考えられます。
> 　いずれにしても、バックアップを取っておくことが基本ですね……。

※9　SikuliXに限らず、画像認識型のRPAはすべて同じです。

CHAPTER 8 定番商品補充表作成の自動化

ここまで、売上データを使った自動化を見てきましたが、在庫管理の部門でも大きな効果を出すことができます。むしろ、在庫は数も金額も大きいためインパクトのある改善効果を出せる分野です。

自動化する案件

売上データを扱った前のChapterまでの案件に比べ、より専門的な業務に取り組みます。それでは自動化する案件について解説します。

ZAKKA社は年間を通じて常に店頭に並んでいないと顧客に不満を持たせ、売上減少、顧客離れにつながる商品を「定番商品」と位置付けて管理しています。

定番商品補充は大事な業務ですが、現在は人手に頼っている部分が多く、自動化したいという要望があります（ 図8.1 ）。

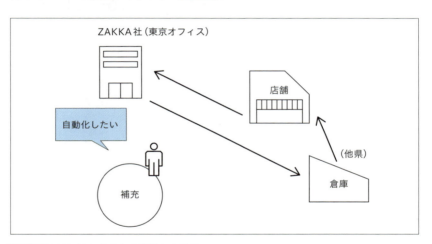

図8.1 ECサイトにかかわる業務の自動化

8.2 要件定義

ここでは業務を整理して要件をまとめていく方法について解説します。

8.2.1 現状把握（全体）

　ZAKKA社の本社オフィスは東京にありますが、物流倉庫は他県にあり、そこには物流部が置かれています。業務には旧BIシステムを使っています。

　Chapter6で紹介したようにZAKKA社のBIシステムは新旧の2つが混在しています。旧システムで行っている業務は新システムで行うよう変えていっていますが、物流倉庫は本社オフィスと離れていることもあり、切り替わっていません（ 図8.2 ）。

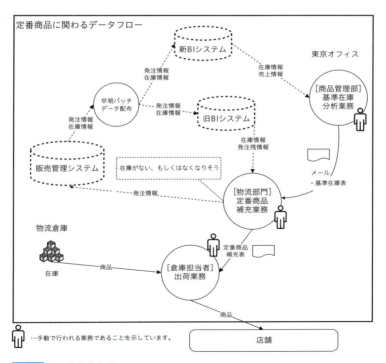

図8.2 システム全体図

商品管理部の担当者に概要をヒアリングして、定番商品補充業務の概要をつかみます。

> 1. 商品管理部が商品ごとに店舗に在庫する点数を決める。これを基準在庫数と呼ぶ
> 2. 物流部は基準在庫数に達するように、毎週2回出荷する

8.2.2 現状把握（個別案件）

今回自動化に取り組むのは「Aランク商品[※1]」と呼ばれる重要な戦略商品の補充業務です。

「Aランク商品は欠品を防ぎ、売上の中の構成比を上げたい、でも単価が高い商品が多いので在庫を過剰に持たせることも避けたい」という相反する要件を満たさなければなりません。

● 現状の業務フロー

業務を整理すると2つのパートに分けられます。1つはAランク商品の基準在庫を修正して物流部に伝達する業務。もう1つは週2回のAランク商品の補充業務です。

1つ目の業務は基準在庫修正業務と呼ぶことにします（ 図8.3 ）。

> 1. 必要が生じた時に商品管理部がAランク商品基準在庫数を修正する
> 2. 物流部のAランク商品の担当者に修正データをメールで送り、電話で説明する
> 3. 物流部の担当者は自分で管理しているAランク商品基準在庫表を修正し、自分のパソコン内に保存する

2つ目のAランク商品補充業務については、記録しておきたい事象が多くありますので、フロー図ではなくシナリオを文章でまとめます（ 表8.1 ）。

※1 在庫管理を省力化しつつも経営上重要な商品を欠品させないように商品をABCにランク分けして管理します。この時、重要な商品をAランク商品、もしくはA商品と呼びます。Aランク商品の決め方については（P.278の「COLUMN：Aランク商品特定ロジック」）で取り上げます。

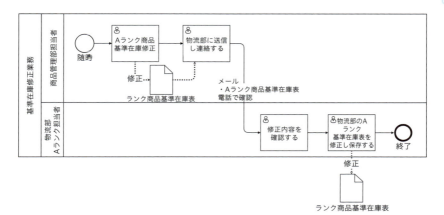

図8.3 基準在庫修正業務

表8.1 Aランク商品補充業務

ID	インプット	処理	アウトプット
1	ログインID とパスワード	BIシステムにログインする。	—
2	—	BIシステムよりデータダウンロードする。 【注意】 在庫の抽出には遅い時には30分ほどかかる。	店舗別在庫数（csv）/発注残数（csv）
3	—	BIシステムからログアウトし、画面を終了させる。	—
4	Aランク商品基準在庫表（Excel）/店舗別在庫数（csv）	Aランク商品基準在庫表と店舗別在庫数をExcelで開き、関数で突合させて品番別店舗別の過不足数を算出する。 不足がある行だけを選択する。 火曜日は店番順で前半の店舗のみに絞り（作業負荷を減らすため）、品番別店舗別に並べて印刷する。木曜日は同様に後半店舗のみに絞る。 【帳票の目的】 出荷担当者に商品補充を指示する。	商品補充リスト（印刷物）
5	Aランク商品基準在庫表/店舗別在庫数/発注残数	発注残数をExcelで開き、(4)のExcelブックに追加する。基準在庫と店舗別在庫、発注残はそれぞれ品番別に集計する。この3つをVlookup()関数で突合させて品番の過不足数を算出する。 【帳票の目的】 不足している、もしくは不足しそうな商品の発注を行うため。	品番別過不足一覧（Excel）
6	店舗別不足数一覧の印刷物	出荷担当者に渡す。	—

● 業務フロー作成のポイント

業務フロー作成のポイントは以下のとおりです。

> 1. 情報量が多い場合は文章形式で書くとよい。フロー図はわかりやすい反面、載せられる情報量は限られる。Excel内の作業などの記録には不向き

● 現状の課題

店舗別商品別に計算して、基準在庫数に満たない数を出荷するだけなので簡単そうですが、現状には課題があります。

> 1. 基準数変更や品番変更がよくあるが、離れた場所にいる商品管理担当者と物流担当者がすりあわせる必要があり、工数がかかり、間違いも発生する。しかも、物流担当者は倉庫にいることも多く、事務所での作業時間は少ない
> 2. 旧BIシステムを使っており、在庫データの件数も多いため、データ取得に30分以上かかってしまい無駄な時間を費やすことになる。たまにデータが出てこないままシステムが止まってしまうこともある
> 3. 朝一番から出荷作業にかかってもらうために、補充リスト作成担当者は週2回、始業1時間前に早出残業している。担当者はExcelに慣れていないため、手作業で補充リストを作成する際、間違うこともあり、正しく補充できないこともある
> 4. 補充リスト作成の際に、将来的に不足しそうな商品を見つけ、メーカーに発注しているが、手作業で作っているため漏れていることもある

簡単そうな業務にもこれだけの無駄と間違いを生む要素が含まれているのは驚きですね。経営にインパクトのあるAランク商品の補充業務ですから、ぜひとも解決しなければなりません。

> **MEMO**
>
> ### 自動発注システム
>
> 単純な補充業務を取り上げていますが、高額な商品を扱う場合は店舗間移動も絡むケースがあります。
>
> まず、店舗間移動を優先して、それでも基準に満たない場合は倉庫から補充する（もしくはメーカーに発注して、店舗に直納してもらうこともある）というロジックを組みます。
>
> ここに「店舗間移動は近い店舗間だけ」「店舗間移動のみで発注はしない商品もある（消化対象商品）」「移動はしないで発注のみの商品もある」「発注最低ロット数のしばりがある」といった条件も加わると、非常に複雑な仕様になってきます。
>
> ここまでくると自動移動発注システムになってきますので、本書の完全自動化の範疇を超えてきます。もし、完全自動化を検討するならば、以下の項目をクリアしていることを確認してください。
>
> 1. 現在、実務者が手でやりきれている
> 2. 仕様を明確に把握することができる

● 成果物イメージ

RPAシステムの成果物として2枚の帳票を作成し、同じExcelブックの中に入れて、担当者にメール送信することにします。

1. 商品別過不足一覧
2. Aランク商品補充リスト

商品別過不足一覧（ 図8.4 ）は不足している品番の商品をメーカーまたは自社工場に発注するために使用するリストです。発注残は在庫とみなして、基準在庫との差分を算出しています。

実務者が具体的にどのように品番別過不足一覧を利用しているのかはわかりません。発注業務の中に無駄が隠れているのかもしれませんが、本案件の目的は「Aランク商品補充リスト作成の完全自動化」なので、発注業務の詳細まで確認はしません。

担当者	品番	基準在庫数	在庫数	発注残数	不足数	過剰数
XXXX	9999-9999-9991	338	392	200	0	254
	9999-9999-9992	326	269	30	27	0
	9999-9999-9993	326	288	0	38	0
	9999-9999-9994	326	290	0	36	0
	9999-9999-9995	326	322	0	4	0
	9999-9999-9996	326	320	0	6	0
	9999-9999-9997	326	468	1	0	143
	9999-9999-9998	326	435	2	0	111
	9999-9999-9999	326	472	0	0	146
XXXX	9999-9999-9981	170	230	3	0	63
	9999-9999-9982	338	364	36	0	62
	9999-9999-9983	170	214	2	0	46
	9999-9999-9984	338	336	35	0	33
	9999-9999-9985	168	177	4	0	13

図8.4 商品別過不足一覧

● ポイント

ポイントは以下のとおりです。

> 1. 完全自動化案件に関わる全ての業務の詳細までを把握する必要はない。案件の目的を達成することに集中する

Aランク商品補充リスト（ 図8.5 ）は品番ごとにまとめて、店舗コードの昇順で並べます。不足がある店舗のみ表示します。

品番	店舗コード	店舗名	基準在庫数	不足数
9999-9999-9981	1001	XXXXX店	1	1
	1002	XXXXX店	1	1
	1003	XXXXX店	1	1
	1004	XXXXX店	1	1
9999-9999-9982	1001	XXXXX店	1	1
	1002	XXXXX店	1	1
	1003	XXXXX店	1	1
	1004	XXXXX店	1	1
	1005	XXXXX店	1	1
	1006	XXXXX店	1	1
9999-9999-9983	1001	XXXXX店	1	1
	1002	XXXXX店	1	1

図8.5 Aランク商品補充リスト

● データソースを特定する

旧BIシステムは使いません。商品管理部が作る基準在庫ファイルと新BIシステムからのダウンロードデータがデータソースになります。

8.3 自動化フロー

自動化のポイントと自動化フローについて解説します。

ここで紹介するシステムの自動化のポイントは物流部の担当者はメールを受け取るだけにして、その他の作業をなくしてしまうことです（図8.6）。これにより以下の効果をねらいます。

1. 作業ミスを防ぐ
   基準在庫修正業務、Aランク商品補充リスト作成業務を自動化し手作業によるミスを防ぐ
2. 経費節減
   早出残業をなくすことで経費を節減する

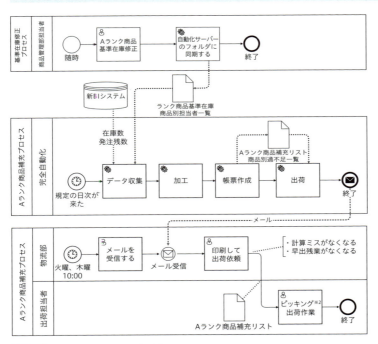

図8.6 Aランク商品補充の自動化フロー

※2 指示書や伝票を見ながら商品をピックアップする作業のこと。

8.4 インフラ環境構築

この案件は多くの機器を利用することになります。インフラ環境を見ていきましょう。

RPA端末はこの自動化に合わせて、もう1台作ります。それは以下の理由によるものです。

1. 商品管理部の完全自動化案件はまだありそうなこと
2. BIからのダウンロード処理に時間がかかり、画面占有時間が長いこと。EC受注レポート作成（Chapter7）のRPAが稼働する時間と重なるため、1台で運用するのは難しい

RPA端末を増やしても、ライセンス料金がかからないのがオープンソース・ソフトウェアを使ったRPAシステムの利点です。

パソコンは10万円以下でよいスペックのものが手に入りますが、ライセンス料は毎月かかりますから、気軽に増やすことはできません。毎回、費用対効果の言い訳をひねり出して、稟議を通さないといけません。

例によって、運用管理サーバーと自動化サーバーは同じ機器を使いますので、インフラ構成は 図8.7 のようになります。

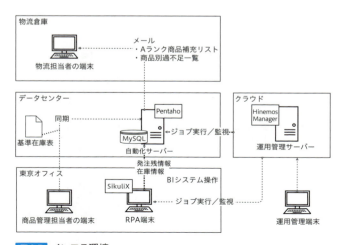

図8.7 インフラ環境

8.5 設計

> 設計に慣れてきたと思いますので、Chapter7までの案件より詳細に設計を解説します。

　RPAシステムは、DAFを 図8.8 のように2つに分けます。Chapter7のEC受注レポートとよく似ています。DAF設計には決まった体系があるので、似たような設計になるのが当然です。

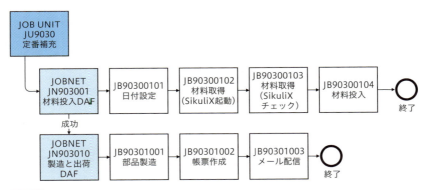

図8.8 DAF設計

　EC受注レポートの時と大きな違いはデータベースを使う点です。データベースを使う理由は2つあります。

> 1. 在庫を扱うのでデータ件数が多い。データベースを使ったほうが高速で、楽に処理できる
> 2. 今後の仕様の変更・拡張に対応しやすい

　だんだん設計に慣れてきたので、開発前にもう一段、詳細な設計もしておきます。
　Pentahoの処理「JB90300104 材料投入LINE」は 図8.9 のように設計します。日付ファイル、在庫ファイル、発注残ファイル、基準在庫ファイル、商品別担当者ファイルの5つを読み取り、MySQLに投入して完了です。大きな問題はなさそうです。

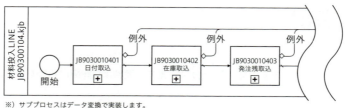

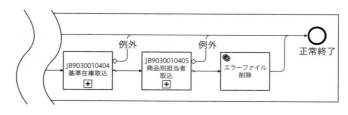

図8.9 材料投入LINE設計

　帳票作成のための「JB90301001 部品製造LINE」ではPentahoを使って2つの部品を製造します。ここでは作成する帳票が2つあるからです（**図8.10**）。この段階でほとんど最終段階の帳票と同じ形に整形します。

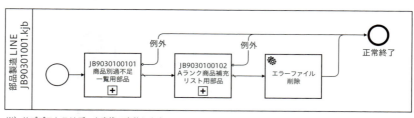

※）サブプロセスはデータ変換で実装します。

図8.10 部品製造LINE設計

8.6 開発

ここでは、SikuliXを含めすべてのツールを使った開発について解説していきます。サンプルプログラムが動かせる状態になっていることを前提としています。

ここでは、すべてのRPAシステムのツール（SikuliX、MySQL、Pentaho、Hinemos）を使う開発になります。さて、上手く連動するでしょうか？ 開発を見ていきましょう。

8.6.1 材料投入DAFの開発

● 日付設定LINE

Chapter7と同様に日付設定は別ファイルに持たせます。この日付ファイルをSikuliXが使います。

● 材料取得LINE（SikuliX）

新BIシステムにログインし、データをダウンロードしてきます。ダウンロードするデータは2つです。

1. 前日在庫データ
2. 発注残データ

SikuliXのプログラムは設計図を書いて開発を始めなければならないほど、難しくはありません。しかし、仕様をブラックボックス化しないために、設計図を残しておきましょう。

この [JB90300_1.sikuli] を設計図で見てみます（ 図8.11 と 図8.12 。2つの図はつながっています）。最初だけを文章にします。

1. SikuliXが新BIシステムを起動すると、ログイン画面が立ち上がる
2. SikuliXがログイン処理を実行。関数名はLoginApplication()
3. メニュー画面が表示される
4. SikuliXがメニュー画面操作を実行。「在庫」をクリックする。関数名はOperateMenu(引数)。引数は"inventory"

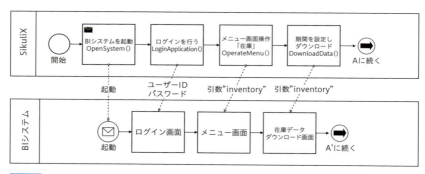

図8.11 JB903001.sikuliの設計①

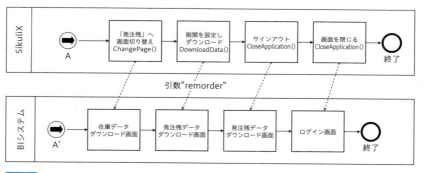

図8.12 JB903001.sikuliの設計②

実際の動作はサンプルプログラムを動かして確認してください。

材料投入LINE

図8.8 の設計図をもとに開発します。Pentahoで「JB90300104.kjb」を作り、以下のファイルをMySQLに格納します。

1. JB90300101.batで作られた日付ファイル。「activedate」テーブルを更新
2. SikuliXでBIシステムからダウンロードしてきた在庫データ。「tinv」テーブルにDELETE/INSERTする（図8.13）

図8.13 在庫データのテーブル出力ステップ

3. 同じくBIシステムからダウンロードしてきた発注残データ。「tremorder」テーブルを更新する
4. 基準在庫ファイル（CSV）。「msetting」テーブルを更新する
5. 商品別担当者ファイル（CSV）。「mitem」テーブルを更新する

図8.14の「JB90300104　材料投入LINE」が完成します。

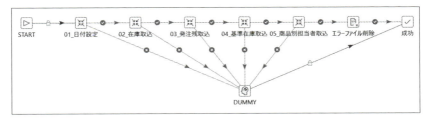

図8.14 材料投入LINE

　ここまでできたら、「JB90301001」「JB90301002」「JB90301003」「JB90301004」をHinemosに登録して、「JN903001 材料投入DAF」が単独で動くようにテストしましょう。SikuliXにより、画面が立ち上がり、データダウンロードされて、そのデータがデータベースに格納されるところまで完全自動で実行されるようになりましたか？　いくつもの技術が集約されて、コラボレーションしている様子を眺めるのは、なかなか楽しいものですよね。

> **MEMO**
>
> **開発のポイント**
>
> Chapter6の「JB90100102　材料投入LINE」によく似ているので、ファイルをコピーし変更していくと、開発が簡単です。Pentahoに限らず、過去に作った似たような処理は流用できますので、全体の開発は早くできるようになってきます。
> 　ただし、変更漏れのないように丁寧に作業してください。くれぐれもコピーもとのファイルを上書きしてしまわないように注意してください。

8.6.2　製造と出荷DAFの開発

● 部品製造LINE

商品別過不足一覧用部品

　図8.9 の設計図をもとに帳票作成用の部品を作ります。まず、Pentahoのデータ変換「JB9030100101　商品別過不足一覧用部品」の開発です。

　商品マスタに登録されている商品に対し、基準在庫、現在庫、発注残数を突合します（ 図8.15 ）。キーは商品コードです。

　商品マスタに登録されている商品がAランク商品ですので、Aランク商品以外の商品コードはこの時点で排除されます MEMO参照 。

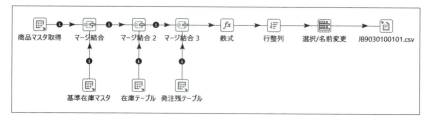

図8.15　商品別過不足一覧用部品の製造

> **MEMO**
>
> **サンプルプログラム変更のポイント**
>
> 　商品マスタにAランク商品以外も混ざっている場合は「商品マスタ取得」ステップのSQL文の中でフィルタをかけます。

「基準在庫マスタ」ステップの中で、図8.16のようにSQLで集計処理を行います。在庫テーブル、発注残テーブルも同様に集計を行ってデータを取ってきます。

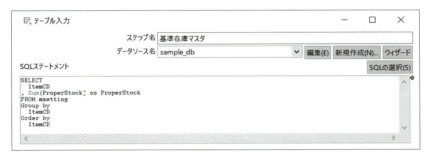

図8.16 基準在庫マスタから取得

● 部品製造のポイント

部品製造のポイントは以下のとおりです。

1. SQLを利用する
   データベースの「データを容易に扱える」メリットを活かすことで、より柔軟に開発することができる
2. SQLを利用しすぎない
   データの集計や突合処理はすべてSQLで書けてしまう。そうすると、可読性、メンテナンス性が落ちてしまうので適度に使う（図8.15くらいにする）。

Excel内で計算しなくていいように、Pentaho内で不足数と過剰数を計算しておきます（図8.17）。不足数がマイナスの値になる場合、不足数「0」と表示するようIF文を入れています。過剰数も同様です。

図8.17 数式

整列（ソート）を行い、商品別過不足一覧の出力イメージに形を整えて、「JB9030100101.csv」を出力して完成です。

● Aランク商品補充リスト用部品

　Pentahoのデータ変換「JB9030100102　Aランク商品補充リスト用部品」を開発します。「JB9030100102.ktr」では基準在庫が設定されている商品IDと店舗IDをキーにして、基準在庫と現在庫数を突合させます。不足がある商品のみを出力します（図8.18）。

　木曜日以外はSection10とSection20だけの店舗に絞り、その他の日はSection30～50だけの店舗に絞る仕様になっています[※3]。

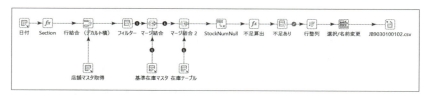

図8.18　Aランク商品補充リスト用の部品製造

> **MEMO**
>
> **サンプルプログラム変更のポイント**
>
> 　このサンプルでは処理を行っていませんが、「倉庫にある在庫だけを抽出し、Aランク商品補充リストと突合させることで、倉庫にないため出荷できない商品はAランク商品補充リストから除外する」などという仕様も実現できます。
> 　要望に合わせてカスタマイズしてください。

　「JB9030100101　商品別過不足一覧用部品」と「JB9030100102　Aランク商品補充リスト用部品」の開発ができました。JOBで2つのデータ変換をつなぎ、「JB90301001　部品製造LINE」として保存します（図8.19）。

※3　店舗の階層はChapter6と同じで、「Section→Area→Block→店舗」です。

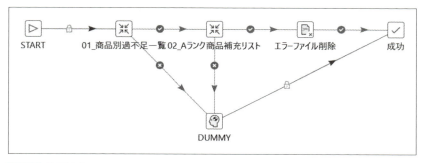

図8.19 部品製造LINE

● 帳票作成LINE

　Pentaho「JB90301002.kjb」から、VBスクリプト「JB90301002.vbs」を呼び出します。「JB90301002.vbs」は、Excelファイル「JB90301002.xlsm」を呼び出し、完成した帳票は「A商品補充.xlsx」という名前で保存されます。

　「JB90301001　部品製造LINE」で、ほとんど帳票作成に必要な整形が完了していますので、Excelファイル「JB90301002.xlsm」では部品を呼び出して罫線やフィルタを付けるだけです。

● メール配信LINE

・Pentahoの開発

　Pentahoの「JB90301003　メール配信LINE」を開発します。配信は前出のDAFと同様にSendMail.vbsを利用して配信します。ただし、火、木曜日以外はメールを配信せず、警告ファイル「C:¥RPA¥Batch¥JB903001¥War_pentaho_JB90301003.txt」を作成するようにします（図8.20）。

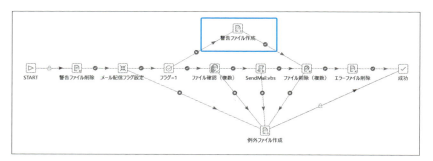

図8.20 メール配信LINE

火、木曜日の判定は 図8.21 のデータ変換「JB9030100301 メール配信フラグ設定」で行います。週マスタという「データグリッド」を使って（ 図8.22 ）、火、木曜日なら変数「Flg」に「1」が入る仕組みです。サンプルプログラムでテストする場合は、このFlgを変更してください。

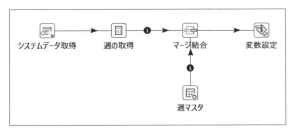

図8.21 メール配信フラグ設定

図8.22 データグリッド「週マスタ」

・バッチの開発

　Pentahoを起動するバッチ側「Robo100.bat」で警告ファイルがあれば、「1」を返すようプログラムします（ リスト8.1 ）。

リスト8.1 警告を知らせる

```
::SikuliXの処理終了を待ち、結果の成否を返す
:: (1) SikuliXによりエラーファイルが削除される＝成功
:: (2) タイムアウト＝失敗
:: (3) SikuliXが例外ファイルを作成する＝失敗
::パラメータの説明
::パラメータ1  Robo040.batが配置されているパスを示す。
::パラメータ2  JobName。C:\RPA\Batchの直下のフォルダ名、エラーファ➡
イル名、例外ファイル名に使用
::パラメータ3  タイムアウトする秒数。
Set JobName=%1
Set PentahoJobID=%2
Set /A LoopCnt=%3/5
Set PATH="C:\RPA\Batch"

(…略…)

::警告ファイル名
set WarFileName="%PATH%\%JobName%\War_pentaho_%JobName➡
%.txt"

(…略…)

::警告ファイルがあれば消す
IF %flg%==9998 (
  del %WarFileName%
  exit 1
)

(…略…)
```

8.7 運用

曜日によって動作が変わるジョブの運用方法について解説します。

　火曜日と木曜日のみ配信するのですが、毎日動作するようスケジュールします。運用日以外も動作させることで、不具合や変更が発生した時に早く対応できるからです。もし、新BIシステム側で変更があった場合などに、月曜日に例外が発生してくれれば、火曜日の本番に改修が間に合う可能性が高いわけです。

　火曜日と木曜日以外ならば、データ変換「JB9030100301 メール配信フラグ設定」が警告ファイルを作成します。Hinemosは「1」を受け取った場合「異常」ではなく「警告」と認識するよう設定します。「警告」なら正常終了と判定することで、異常時のメール通知が飛びません[※4]。

COLUMN

Aランク商品特定ロジック

　自動化に伴い、Aランク商品を見直したい、という要望が経営層から出ることが多いです。一例としてAランク商品特定ロジックを紹介します。

ABCZ分析を行う

　まず、1年間の商品別売上数量をもとにABC分析[※5]を行います。これに在庫を突合し、1年間まったく動いていない商品[※6]をZランクとして加えるとABCZ分析が完成します。ABCZ分析をグラフで見てみると 図8.23 のようになることが多いでしょう[※7]。

※4 　基本的に他の案件も同様に毎日動かして、動作を確認します。結果的にトラブルが起こってから対応するより、運用工数が減るからです。

※5 　ABC分析を行ってみると、「2割の商品が8割の売上数量（金額）を生み出している」といった結果が導かれる場合が多く、「2：8（ニハチ）の法則」と呼ばれます。

※6 　この例では1年間としていますが、商品の特性によって期間は変更してください。賞味期限のある食品では当然この期間は短くなります。

※7 　ABCランクは売上数量構成比の80％までをAランク、80％〜90％までをBランク、90％〜100％までをCランクとしています。厳密な定義はありませんので、自社の運用に合わせて調整してください。

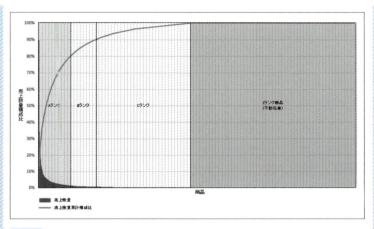

図8.23 ABCZ分析グラフ

　あらためて見ると、1年間1つも売れていないZランクの商品が50％近くあって驚くことがあります。

　これでAランク商品は全体の一部だということがわかってきます。この例では売上数量でABC分析を行っていますが、売上金額で分析しても同じ傾向のグラフが描かれます。この段階ではAランク商品を決定するためではなく、「わずかの商品で多くの売上を占めている」という認識を関係者で共有するための分析です。

　さて、さらに具体的にAランク商品を決めていきましょう。

　商品別に売上数量の降順に並べ10分割した売上数量デシルと売上金額の降順で並べ10分割した売上金額デシルを用意します[※8]。

　この2つを商品で組み合わせると、例えば商品「A001」は「売上数量デシル：1、売上金額デシル：6」という結果を得ることができます。商品「A001」は「非常に売上数量は多いが、単価が低いため売上金額は高くない」ということです。

　売上のある商品をABCランクに分割するために、図8.24のデシルクロス表に従ってランク付けします[※9]。

　さらに、商品別在庫と突合すると在庫があるが、売上が1つもない商品がわかりますので、これは「Zランク」とします。

　売上数量も売上金額の上位10％に入っている売れ筋商品をA1商品として、重点的に管理すれば効果が高いでしょう。

　実務としては、A1商品を中心としつつ、会社が売りたい「戦略商品」や必ず店舗に置いておかなくてはならない「見せ商品」を加える場合もあります。また、売上数

※8　このような分析方法をデシル分析と呼びます。デシルとは10分の1という意味でABC分析より、細かくセグメントできるのが特徴です。

※9　ランク付けについて明確な決まりはありません。定義にこだわる人もいますが、分類を決めて業務を実行することが目的です。最初はセンスで決めてしまって、試行錯誤しながら調整を繰り返していけばよいのです。

量、金額だけでなく、商品回転率や交叉比率を加えて精査することもあります。

		売上数量デシル									
		1	2	3	4	5	6	7	8	9	10
売上金額デシル	1	A1	A2	A2	B	B	B	B	B	B	B
	2	A2	A2	A2	B	B	B	B	B	B	B
	3	A2	A2	A2	B	B	B	B	B	B	B
	4	B	B	B	B	B	B	B	B	B	B
	5	B	B	B	B	B	B	B	B	B	B
	6	B	B	B	B	B	C	C	C	C	C
	7	B	B	B	B	C	C	C	C	C	C
	8	B	B	B	B	C	C	C	C	C	C
	9	B	B	B	B	C	C	C	C	C	C
	10	B	B	B	B	C	C	C	C	C	C

図8.24 デシルクロス表

　大事なポイントはAランク商品を決める重要性とロジックを関係者全員で共有し、納得感を持って業務を進めてもらうことです。

　また、C、Zランク商品をどう処分していくのかも議論してください。この両面を継続的に続けることで在庫は確実に適正化されていくはずです。

　継続的に続けるためには、自動的に進捗がわかる帳票が関係者に配布されるとよいでしょう。その部分を自動化することも検討してください。

COLUMN

完全自動化に必要な力

　完全自動化に一番必要な力は何でしょうか？　ここまで見てきたように高度なIT技術力は必要ありません。20年以上前から存在する「枯れた技術」ばかりです。

　よく「RPAプロジェクトに必要なのはマネジメント力だ」と言われます。確かに人やIT技術、インフラ技術のリソースを適切につなぎ合わせることが大事です。

　しかし、「マネジメント力」も技術の1つにすぎません。

　筆者が一番必要だと思うのは「素直力」です。「素直力」とは現実をありのままに理解する能力のことです。また、自分の知識不足を認め、書籍などに正しい知識を求めることも「素直力」です。

　「素直力」が低い人は（失礼かもしれませんが）プライドが高く頑固な傾向が強いようです。

　自身の持っている知識だけで物事を捉えようとするため、「要件を簡単に考えすぎる」「要件を適切に切り分けできずに、複雑に考えすぎる」「問題の本質を捉えられていない」などのケースが見られます。

　本書では、最初に全体の現状把握、次に個別の現状把握を行い、「そのまま」ドキュメント化することを手順としています。

　自動化される業務の「現在の姿」をドキュメント化することは無駄に思えるかもしれませんが、自分を含むチームのメンバーが素直に現実を理解できているのかチェックする意味も含んでいます。

CHAPTER 9 情報システム部門マスタ登録業務の自動化

中小企業の場合、情報システム部の中で「各種システムのマスタ登録フローが正式に決まっている」という会社のほうが少ないのではないでしょうか。社員数が数百人になってくると登録申請書を運用している会社が多くなります。

9.1 自動化する案件

ここで扱う自動化案件の要件定義について説明します。

9.1.1 現状把握

ZAKKA社ではシステム登録依頼書をExcelベースで運用しています。このシステム登録依頼書をもとに新規ユーザー登録するシステムは、以下の3つです。

①基幹システム（権限設定含む）
②グループウェア
③メール

● 現状の業務フロー

入社が決定すると人事部がExcelでシステム登録依頼書を作成し、グループウェアの社内メールで情報システム部に送信します。

情報システム部は、システム登録依頼書を受け取ったら、随時登録を行います。登録できる部員は2人いて、手が空いている方が作業しています。 図9.1 のような典型的なフォーク型の登録作業です。

1つのシステム登録依頼書に3つのシステムの登録情報が記入されていますので、3件のシステム登録依頼書があるとしたら、まず基幹システムにログインして3人分の登録を行います。次にグループウェアの新規ユーザー登録画面を開き、1件目のExcelに戻ってから、3人分の情報を転記することになります。次にメールの設定です。

このようにわずか3件の登録でも1台のパソコンで作業すると非常に煩雑です。あちこちのファイルとアプリケーションを開いて、9回も転記しないといけません。

その間に電話や問い合わせが入ったら、作業を中断することになります。そこで、システム登録依頼書を印刷しておき、チェックを付けながら作業することで登録漏れを防ぎます。

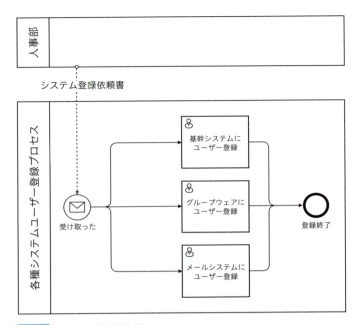

図9.1 フォーク型登録作業

● 現状の課題

この作業を忙しい日常業務の合間に行うので、問題も発生します。

1. 面倒なので後回しになってしまう。処理する時間も増えて、なおさら面倒になる。後回しにして、入社までに登録完了していないことがある
2. 2人の部員のうち、どちらが登録作業するか決まっていないので、どちらも作業しないことがある
3. 煩雑なので漏れや転記ミスが発生する

9.2 自動化フロー

ここでは業務のあり方そのものを変える自動化フローについて説明します。

本書では完全自動化をDAF理論で説明してきましたが、これまでの案件は「工場が朝のうちに自動で動いて、自動的に成果物を出荷してくれる」タイプでした。

ここでは「他部署や他社から送られてくる書類を受け取ることを起点として業務がスタートする」というホワイトカラー業務によくあるケースにDAF理論を適用する試みになります。

工場は、材料が到着するたびに不定期に何度もラインを動かすわけにはいきません。工場側で決まった時間やまとまった単位で動かすのが当たり前です。

ホワイトカラー業務にDAF理論を持ち込むということは、今まで不定期に実行されていた業務を定時実行に変えるということになります。

1. 月曜と水曜の午後15時にマスタ登録工場が起動するので、それまでにシステム登録依頼書(Excelファイル)を所定のフォルダにダウンロードしておく
2. この段階で書類に不備がないかチェックする。人事担当者は、一定のフォーマットに入力してくれるが、古いフォーマットであったり、間違ってあり得ない基幹システムの権限が付いていたりする(例えば、店舗の販売員に経理関連の権限が付与されているなど)
3. 月曜と水曜の午後15時になると、Hinemosに設定されているスケジューラによりマスタ登録DAFが稼働し、複数のシステム登録依頼書から1つのシステム登録一覧(Excel)を作成する
4. SikuliXが起動され、システム登録一覧をもとに各システムに1件ずつ新規ユーザー登録する

フロー図で描くと 図9.2 のようになります。

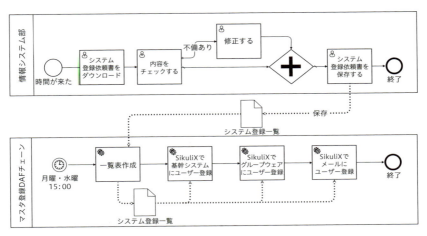

図9.2 自動化フロー

● 不定期業務のDAF化のメリット

不定期業務のDAF化のメリットは以下のとおりです。

1. 業務が見える化できる
2. ホワイトカラー業務に「締め時間」を設け、統制できる
3. 他部署、他社に対しても締め時間を通知できる

ここでの自動化に合わせ、システム登録依頼書のフォーマットを少し変えます。Excel VBAで自動的に一覧表を作るためです（ 図9.3 ）。

システム登録依頼書

利用者申請書は、原則「設定日」の3日前に情報システム部へ提出して下さい。

申請日	2018年4月20日
設定日：	2018年4月30日

対　象　者

社員番号	123	■社員	□パート	□派遣
部署名	経理部	■本社	□店舗	
氏名	渡辺　浩介	カナ	ワタナベ　コウスケ	ローマ字	WATANABE KOSUKE

アカウント登録指示一覧（申請者は区分のみ記入して下さい。）
※区分：利用は〇、利用しない場合はスペース。

区分	システム名	ＩＤ	パスワード
〇	基幹システム	k_watanabe	watanabe123
〇	グループウェア	k_watanabe	watanabe123
〇	メール	k_watanabe	watanabe123

基幹システム		
	販売	
	購買	
	在庫	
〇	経理	

図9.3 システム登録依頼書

9.3 インフラ環境構築

ここで扱うインフラ環境構築手法について説明します。

情報システム部が所有している1台のWindows端末でマスタ登録DAFチェーンを稼働させることにします。

この1台にSikuliXとPentahoをインストールします。ここでは、MySQLは使いませんので、自動化サーバーは使いません（ 図9.4 ）。

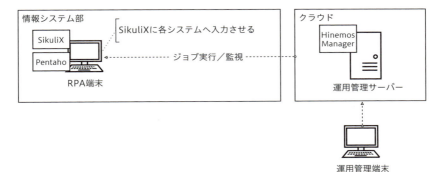

図9.4 インフラ環境

9.4 設計

ここで扱う設計手法について説明します。

自動化フローをDAF設計に落とし込みます。材料を整形する「JN904001　材料整形DAF」と各システムへの新規ユーザー登録する「JN904010　出荷DAF」の2つに切り分けます。さらに「JN904010　出荷DAF」の中には3つのDAFが入るネスト構造[※2]をとります（図9.5）。

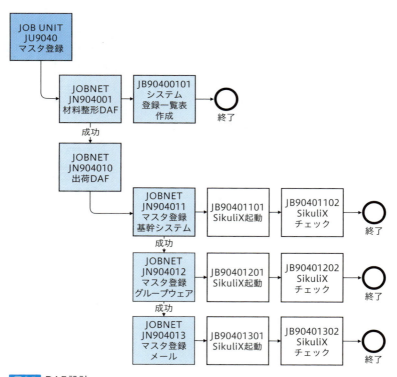

図9.5　DAF設計

※1　RPAシステムからのアウトプットは、すべて「出荷」と捉えています。

※2　コンピュータプログラムやデータ構造において、ある構造の内部に同じ構造が含まれている状態のことを指します。

● 採番方法について

　複雑になってきましたので、連番の付け方が窮屈になっています。本来ならば、ジョブネット『JN904010』にぶら下がるジョブネットは「JN90401001」になるべきでしょうけれど、桁数が長くなりすぎるので、図9.5 の採番方式にしています[※3]。

※3　筆者は、ジョブネットは2階層以上にならないことをルールとしています。複雑すぎる自動化は例外の要素を多く含みますし、投入した開発工数以上の効果を出せない可能性も高くなります。

9.5 開発

> 入力を伴う自動化の開発方法を中心に説明します。

● 出荷DAFの開発

　システム登録一覧表のフォーマットはSikuliXから使いやすいものにしたいので、DAFの実行順番は逆ですが「JN904010 出荷DAF」から開発します。最初からしっかり設計しようとしてもなかなかできないものです。

　仮のシステム登録一覧表をExcelで作成してみて、SikuliXを動かしながら微調整します。図9.6のように横長の表を作ってみます。このシステム登録一覧表は「JB90400101　システム登録一覧表作成」で作成されるので、JB90400101.xlsxという名前で作成されることにします。

基幹システム							グループウェア		メール	
Name	ID	Password	Sales	Purchase	Inventory	Account	ID	Password	ID	Password
渡辺 浩介	k_watanabe	watanabe123				1	k_watanabe	watanabe123	k_watanabe	watanabe123
田中 一郎	i_tanaka	tanaka124	1	1	1		i_tanaka	tanaka124	i_tanaka	tanaka124

図9.6　システム登録一覧（仮）

　基幹システムへのユーザー登録を行うSikuliXプログラム「JB904011.sikuli」を見ていきましょう。JB904011.sikuliを動作させるためにはシステム登録一覧表が必要となります。JB904011.sikuliを動かす前にPentahoプログラムのJB90400101.kjbを一度動作させて、「C:¥pentaho¥JOB¥user99¥JB90400101.xlsx」が作成されていることを確認してください。デモアプリケーションは3.3.5節「本格的なロボットを作る」でも使用したアプリケーションです。メニュー操作まで

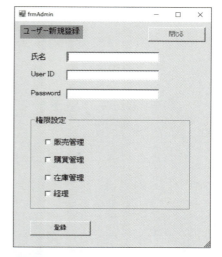

図9.7　ユーザー登録画面

は同じです。メニューから「ユーザー登録」を選択すると 図9.7 の画面が表示されます。

ここにSikuliXで値を入力させます。システム登録一覧表（Excel）の 図9.8 の青枠部分を読み込んでループ処理します。

	A	B	C	D	E	F	G	H	I	J	K
				←――― 基幹システム ―――→				←― グループウェア ―→		←― メール ―→	
1	Name	ID	Password	Sales	Purchase	Inventory	Account	ID	Password	ID	Password
2	渡辺 浩介	k_watanabe	watanabe123					k_watanabe	watanabe123	k_watanabe	watanabe123
3	田中 一郎	i_tanaka	tanaka124					i_tanaka	tanaka124	i_tanaka	tanaka124

図9.8 システム登録一覧

ヘッダー部分でExcelの読み書きをするライブラリ「xlrd」をインポートしておきます（ リスト9.1 ）。データ入力するInputData()関数の中で、システム登録一覧表を開きます（ リスト9.2 ）。

さらに、行と列をそれぞれループしながら、Excelファイルのセルの中身を読み込んで、アプリケーションに入力していきます（ リスト9.3 ）。

リスト9.1 SikuliXプログラム①

```
import xlrd     #Excel
```

リスト9.2 SikuliXプログラム②

```
def InputData():
    '''
    入力をする
    '''
    Debug.user("func [InputData]")

    try:
        Debug.user("  Excel JB90400101.xlsx open")
        excel_file = "C:\\pentaho\\JOB\\user99\\JB90400101.xlsx"
        book = xlrd.open_workbook(excel_file)
        sheet = book.sheet_by_index(0)
    except Exception, e:
        mylib.ExceptExit(ExceptFile,e)
```

リスト9.3 SikuliXプログラム③

```
i=1
for row in range(1,sheet.nrows):          ← 行のループ
    Debug.user("  input row : " + unicode(i))  ← 列のループごとのログ
    for col in range(sheet.ncols):        ← 列のループ
        value = sheet.cell_value(row,col) ← セルの値を格納
    ループ内の処理
    （画面に値を入力したり、チェックボックスにチェックしたりする）
```

結果、図9.9 のようにExcelのデータが入力されます。

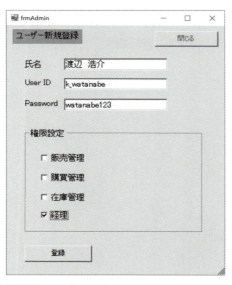

図9.9 ユーザー登録画面

● ログの出力

途中でエラーが発生し、処理を終了させた場合でも、ログを出力しているので、どこまで処理できたのか判別することができます。

MEMO

サンプルプログラム変更のポイント

ログは 図9.10 のように出力されます。もっと詳細に記録したい場合は、 リスト9.3 のログ出力部（ リスト9.3 の「列のループごとのログ」の箇所）を工夫してください。

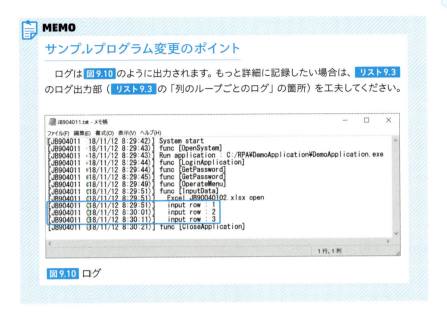

図9.10 ログ

● 他のアプリケーションへの登録

販売管理システムのユーザー登録と同様に、グループウェアのユーザー登録「JB904012.sikuli」とメールのユーザー登録「JB904013.sikuli」も作りましょう。

サンプルプログラムを動かすとデモアプリケーション「DemoWebApplication.exe」が起動し、ログイン、メニュー操作ののち、 図9.11 の画面が現れます。1件ずつデータ入力され登録ボタンがクリックされることを確認してください。

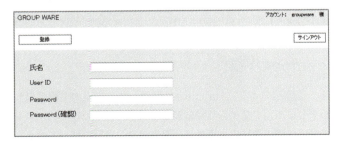

図9.11 デモアプリケーションのグループウェアの新規ユーザー登録画面

● **システム登録一覧の変更**

実際に動かしてみると、 図9.6 のように3つのシステムの登録情報を横長に持っていると不便なことがわかります。途中で登録に失敗した場合、成功したレコードまでをシステム登録一覧（Excel）から削除して再実行すればリカバリできますが、1行にすべてのシステムの登録情報を持っているため、まだ登録が完了していないシステムの登録情報までいっしょに削除することになってしまいます（ 図9.12 ）。

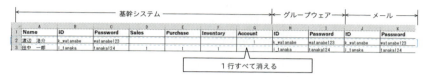

図9.12 システム登録一覧

システム登録一覧のExcel内で3つのシステム用にそれぞれシートを分けることにします。

9.5.1　材料整形DAF

出荷DAFを先に作ることで、システム登録一覧（Excel）の形が決まりました。次にシステム登録一覧（Excel）を作成するExcel「JB90400101.xlsm」を開発します。

決まったフォルダ内にあるシステム登録依頼書（Excel）を開き、各システムのシートに転記するVBAプログラムを作ります。転記し終えたシステム登録依頼書は、あらかじめ作ってあるバックアップフォルダ「C:¥pentaho¥JOB¥user99¥CSV¥JU9040¥Backup」に保存します。

Excel「JB90400101.xlsm」を呼び出す「VB90400101.vbs」を開発し、Pentaho「JB90400101.kjb」から「VB90400101.vbs」を起動します。

9.5.2　Hinemosの設定

すべて完成したら、 図9.13 のようにHinemosに登録して、一連の業務が自動で流れる様子を眺めましょう。システム登録依頼書を置いておくだけで、マスタ登録が実行されるのは、一種の魔法のようです。筆者自身、自分で作っておきながら、感動すら覚えます。実行後は「C:¥pentaho¥JOB¥user99¥CSV¥JU9040」

のファイルは削除される仕様になっていますので、再実行の際は「C:¥pentaho¥JOB¥user99¥CSV¥JU9040」のファイルを「C:¥pentaho¥JOB¥user99¥CSV¥JU9040¥Backup」から戻す必要あります。

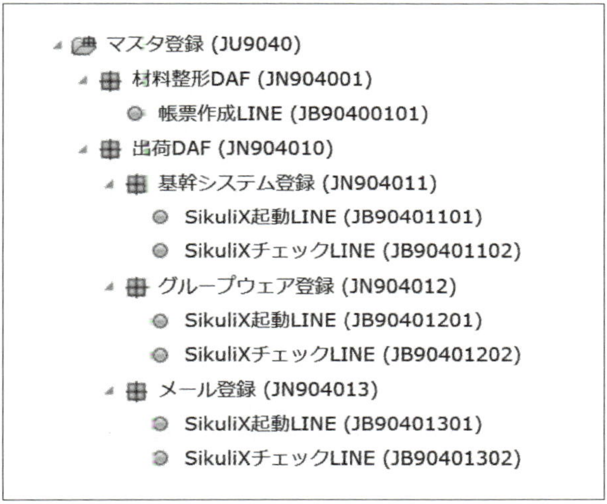

```
▲ 🏭 マスタ登録 (JU9040)
    ▲ 🏢 材料整形DAF (JN904001)
        ◎ 帳票作成LINE (JB90400101)
    ▲ 🏢 出荷DAF (JN904010)
        ▲ 🏢 基幹システム登録 (JN904011)
            ◎ SikuliX起動LINE (JB90401101)
            ◎ SikuliXチェックLINE (JB90401102)
        ▲ 🏢 グループウェア登録 (JN904012)
            ◎ SikuliX起動LINE (JB90401201)
            ◎ SikuliXチェックLINE (JB90401202)
        ▲ 🏢 メール登録 (JN904013)
            ◎ SikuliX起動LINE (JB90401301)
            ◎ SikuliXチェックLINE (JB90401302)
```

図9.13 Hinemosの設定

9.6 運用

運用方法について説明します。

Hinemosのスケジューラで月曜日と水曜日の15時にDAFが稼働するように設定します。

● 運用のポイント

1. **エラー時は終了せず、画面を止める**
   入力系の自動化は、今までの帳票出力系と違い失敗した場合に「最初から再実行すればいい」という気軽な運用ができません。SikuliXがマスタ登録の途中で「画像が見つからない」などの例外を検知した時は、担当者にメールで異常を通知して、その状態で操作をストップさせましょう。通知を受けた担当者は処理がどこまで完了しているかを画面とログを見て確認し、その後の処理を判断します[※4]

2. **責任者を明確にする**
   水曜日の15時～月曜日の15時まではAさんがシステム登録依頼書をダウンロードして、内容をチェックし、マスタ登録DAFの成否を確認します。月曜日の15時～水曜日の15時はBさんが担当します

COLUMN

MySQL死す

「まさかこうなるとは!」ということは起こります。
　自動化の案件も増え、運用も軌道に乗ってきたある日、MySQLの実体ファイルが置いてある自動化サーバーのドライブをすっかりクリアしてしまったのです。原因は

※4　実務者が情報システム部員であるので、この運用が可能です。

恥ずかしくて詳しく書きたくありませんが・・・一部は筆者のミスです。

自動化ナーバーはもともとBIシステム用のサーバーですから、MySQLはBIシステム用のDWH（データウェアハウス）の役割も果たしていました。これもすべて飛んでしまったわけです。

幸い、MySQLのバックアップは夜間に行っていました。ただし、過去の売上明細なども含めてデータベース全体をバックアップしていたので、50GB以上になっていました。リストアコマンドを使っても、エラーで止まってしまいリカバリ作業がまったく進みません。

ファイル分割ソフトを使い、500個のファイルに切り分けた後、手作業でまとまった単位にくっ付けてリストアバッチを流す、という作業を延々と続けました。

結局、すべてのリカバリができたのが3日後。その間、いくつかの自動化は止まってしまいました。

自動化チームのメンバーは関係部署に連絡してくれましたが問い合わせも多く、自動化の業務への浸透度を知るよい経験（？）になりました。

COLUMN

なぜ完全自動化に取り組むのか

AIを組み込んだRPAツールが次々に登場し派手に宣伝される世の中で、本書のような「地味な」RPAシステムを作り、完全自動化に取り組む背景には、筆者の「日本の仕事の仕方」に対する危機感と怒りがあります。

「RPAがはやっているので我が社も導入する」と経営者が号令をかければ、自社の業務内容や課題を分析せずに、まずIT業者を呼びつける。業者にアイデアと提案書を出させ、複数社を競合させて価格を下げさせる。導入も運用も業者まかせにし、問題が発生すればクレームをつける。これで「自分は仕事ができる」と悦に入る。

IT業者も「RPAが売れる」となれば、他社のツールをOEMしてでも、ライセンス販売に夢中になる。「どう提案すれば、ライセンス数を多く売れるか」は考えても、「どうすればお客様の課題を解決できるのか」は興味がない。「売った後は、お客様次第」、「手離れをよくする」が合言葉。

このような光景ばかりです。売るほうも買うほうも「賢いビジネスモデル」を気取っていますが、現実の問題を泥臭く解決する人はおらず、ぽっかりと隙間が空いています。

RPAシステムは「地味」ですが、現実の問題を解決する「ソリューション」です。RPAシステムで完全自動化するノウハウが身につけば、将来的に高価で高度なRPAツールを導入しても、その能力を活かすことができるでしょう。

CHAPTER 10 システム間連携業務の自動化

多くの現場で、システム間連携業務が手作業により行われています。その背景には次のようなパターンがあります。

1. ECサイトへの出店や法人向けECサイトの代理店業務などの新規事業への進出を急ぎ、自社の既存システムとの連携がとれていないままスタートする
2. M&Aにより、同じような機能を持った複数のシステムが混在し、常に同期を取る必要が発生している

　RPAシステムは画面操作も、データ加工もできるため、既存システムを改修せずにシステム連携を可能とします。そのため、今後も多くの需要があると考えられます。
　ただし、Chapter9までより難度が高い完全自動化です。最後まで読み、よく理解して取り組んでください。

10.1 自動化する案件

自動化する案件について解説します。案件の背景についてはChapter7を振り返ってください。

　ZAKKA社には4つのECサイトがあります。既存の販売管理システムへの売上計上業務は1人の担当者が担っていますが、作業負荷が高いため計上は遅れがちです（図10.1）。EC事業を始めた当初から課題として上がっており、完全自動化に大きな期待が寄せられています[1]。

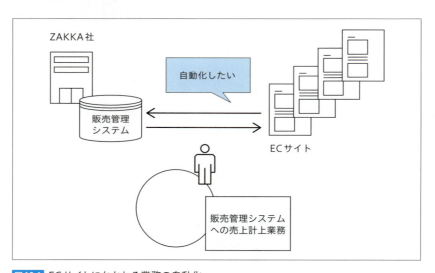

図10.1　ECサイトにかかわる業務の自動化

※1　ECサイトを例にとっていますが、システム間の連携は同じフローですので、あなたの置かれている状況に合わせて応用してください。

10.2 要件定義

EC売上計上業務の要件定義について解説します。この業務は一見単純そうに見えて根が深い問題を抱えています。

10.2.1 現状把握（全体）

ZAKKA社には4つのECサイトがあり、その売上を既存の販売管理システムと連携させています。ZAKKA社では出荷済みデータをECの売上とみなしています。

販売管理システムは月次バッチにより経理システムと連携しています。商品は各ECサイト運営側にすでに送っている在庫から顧客に発送されます（図10.2）。

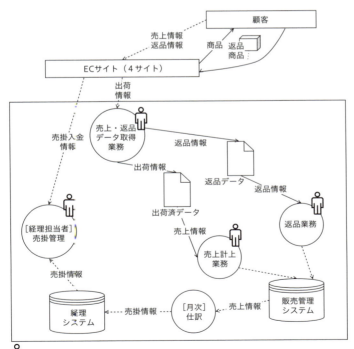

…手動で行われる業務であることを示しています。

図10.2 システム全体図

10.2.2　現状把握（個別案件）

　ECサイトの管理画面から出荷データをダウンロードして、加工し、既存の販売管理システムに売上計上するというのが大まかな流れです。Chapter7で見たように、ECサイトごとに加工する内容が違います。

　1つのECサイトだけで流れを細かく見てみましょう。

1. ECサイト管理画面にログインする
2. いくつかのステップを経て[2]、出荷済みデータがダウンロードできる画面に遷移する
3. データ取得期間を設定して、ダウンロードする。ECサイト管理画面は閉じる
4. ダウンロードした出荷データを加工（ポイント、クーポンを値引扱いに変換する、税込金額表示を税抜に修正する、など）する。返品データは売上一括登録の対象外なので除外する
5. 販売管理システムにログインする
6. 売上一括登録画面で売上計上用データ（CSV）を取り込む[3]

現状の課題を見ていきます。

1. 手作業のため計算間違いや入力間違いが頻発する。月初にもう一度ECサイトから出荷データを抜き、販売管理システムの計上データと付き合せると必ず誤差が出る
2. 作業負荷が高く、毎日の売上計上は難しい。月末に作業が集中して、残業が発生する
3. 月末にまとめて計上するため、売上計上日がすべて月末になる[4]。経理部に来るECサイトからの入金データは15日が締日の場合もあり、販売管理システムと合わない原因になっている[5]

---

[2] パスワードを2回入力したり、利用規則の画面を通過したりします。ポップアップが追加されるなど画面仕様が変わる場合もあります。
[3] 売上一括登録画面（機能）がなく、1件ずつ売上計上入力しなくてはならないパターンもありますが、ミスが発生する可能性が高いためお勧めできません。
[4] 仕様によりますが、多くの場合、販売管理システムへは日付をさかのぼって計上できません。
[5] 「売掛金の消込をそこまでするか？差分として繰越すればいいのではないか？」という議論によくなりますが、結論が出たためしがありません。

4. 担当者が疲弊し退職する原因にもなっている。そうすると、この「伝統」は次の担当者に口頭ベースで引き継がれ、「なぜこの作業を行うのか？」を知っている人はいなくなる

10.3 自動化フロー

理想的なフローと実務的なフローを載せました。両者の違いを中心に、ここで扱う自動化フローについて説明していきます。

完全自動化した時のフローを考えていきましょう。現在の実務者の業務フローから単純に考えたら、「ECサイトからデータダウンロード」→「加工」→「販売管理システムに入力」という3つのDAFを作ればよいだけです（図10.3）。

1. Hinemosスケジューラにより、SikuliXが起動して、ECサイトにログインし、前日分の出荷データ（CSV）をダウンロードする
2. Pentahoで出荷データ（CSV）を計上用に加工する
3. SikuliXで販売管理システムを起動し、売上一括登録画面で一括登録する

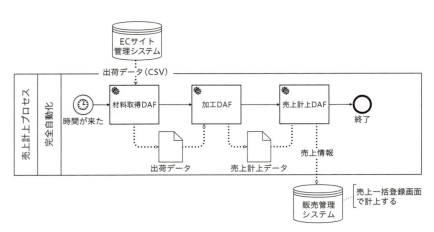

図10.3 自動化フロー①

しかし、このフローは手動では動きますが、完全自動化では動きません。毎日、すべてのシステムが正常に動いているとは限らないからです。

販売管理システムが停電などで止まっていたら、その日の売上計上は失敗しま

す。次の日、このフローを動かすと前々日の売上は計上されないままになってしまいます。

手動であれば、計上できなかった日の分の出荷データもダウンロードしてくればよいだけですが、人と同じ判断機能をシステムに持たせるのは至難の業です。

そこで、図10.4 のフローに変更します。

> 1. Hinemosスケジューラにより、SikuliXが起動して、ECサイトにログインし、前日分の出荷データ（CSV）をダウンロードする（ここは同じ）
> 2. PentahoでMySQLに出荷データを格納する
> 3. PentahoでMySQLから未計上分の出荷データを取り出して、計上用に加工しファイル出力する。返品データは別途ファイル出力する
> 4. SikuliXで販売管理システムを起動し、売上一括登録画面で一括登録する
> 5. 計上が終わったら、MySQLに計上済みのフラグを立てる

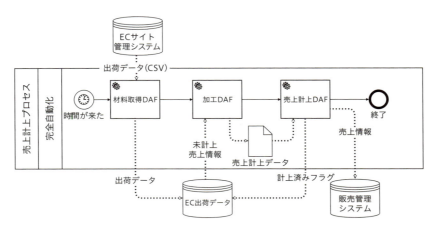

図10.4 自動化フロー②

このフローならば、数日間、売上計上できなくてもMySQLに未計上データがたまっているので、問題ありません。また、MySQLのテーブルにECの売上データが格納されているので、売上分析に利用することができるというメリットも生まれます。

インフラ環境構築

> ここで扱うインフラ環境構築について説明します。

　売上計上のために販売管理システムとSikuliXをインストールした専用のRPA端末を用意します。ECサイトから出荷データをダウンロードするRPA端末はChapter7のEC受注データダウンロード端末と同じものを使います（図10.5）。

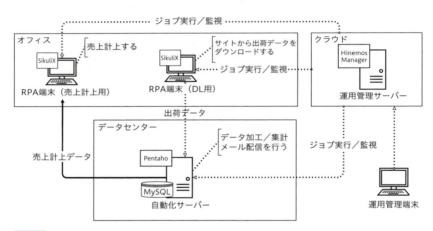

図10.5 インフラ環境

10.5 設計

ここで扱う設計手法について説明します。

自動化フローをDAF設計に落とし込んでゆきます。

10.5.1 概要設計

全体を大きく3つのDAFでDAFチェーンを構成することにします。

1. ECサイトからデータを抽出して加工し、データベースにデータ登録する「材料投入DAF」。別々のECサイトの出荷データはここで統一された形式に変換される。これで売上計上に必要な材料が確保された状態になる
2. Pentahoを使い、データベースから未計上データを抽出して、販売管理システムに売上一括登録できる計上データを作成する「加工DAF」
3. SikuliXを使い販売管理システムに売上一括登録する「出荷DAF」

このように分けてあると、各DAFの役割が明確になるので、要件が変更になった場合の改修も1つのDAF内で収められる可能性が高くなります。そのため開発もテストも楽です。また、2つ目の「加工DAF」までは自動実行して一度止めておき、最後の出荷DAFだけは目視しながら実行させる、という運用も可能です。

● DAFの分け方のポイント

DAFの分け方のポイントは以下のとおりです。

1. 役割を明確にし、1つのDAFを複雑にしない
2. テスト・運用が楽にできるように考える

それでは、それぞれのDAFを設計してゆきましょう。

10.5.2　材料投入DAF

● 概要設計

材料投入DAFの概要設計です（図10.6）。

1. 他の案件と同じく日付ファイルを作成する
2. RPA端末（DL用）においてSikuliXを実行。ECサイトにログインし、出荷データをダウンロードする。対象日は日付ファイルから読み取る。ECサイト管理画面が変わっていても、該当する出荷データがなくてもエラー終了させずに、全ECサイトをまわる
3. Pentahoを使い、出荷データを加工してMySQLにデータ登録する

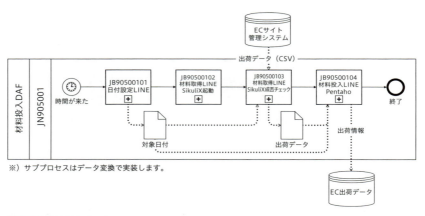

※）サブプロセスはデータ変換で実装します。

図10.6　材料投入DAF

● 材料取得LINE

「材料取得LINE」のSikuliXのプログラムはChapter7のEC受注レポートの材料投入DAFとほぼ同じです。メインプログラム「JB905001.sikuli」から各ECサイト用のサブプログラムを呼び出す構造を作ります（図10.7）。

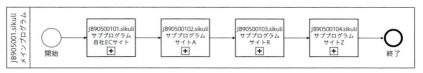

図10.7　SikuliXプログラムの構造

サブプログラムの中は 図10.8 のように設計します。斜めにメッセージフローが走っているのは、タイムラグを表現しています。

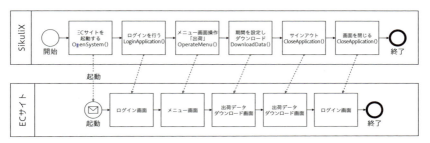

図10.8 サブプログラムの処理

● 材料投入LINE

続いて、材料投入LINEの設計を掘り下げていきます。

「材料取得LINE」でSikuliXを使って4つのECサイトから出荷データをダウンロードしていますが、何らかのエラーや出荷なしにより出荷データがダウンロードされない可能性があります。

そのため、各ECサイトの出荷データをMySQLに取り込む前にファイルの有無をチェックし、ファイルがない場合でもエラーが発生しないようにします。ファイルがない場合は、担当者にメールを送信します（ 図10.9 ）。

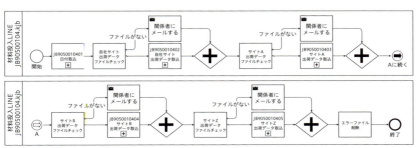

※）図が煩雑になるため、例外処理については記述していません。

図10.9 材料投入LINE

各ECサイトの出荷データの違いはこの段階で吸収してしまい、1つのデータベースのテーブルに収めてしまいます。

10.5.3 加工DAF

● 概要設計

加工DAFの概要を考えます（図10.10）。DAFの中のLINEは1つだけです。

1. PentahoでMySQL「EC出荷データ」から未計上売上データのみを取得する
2. 未計上売上データを販売管理システムに一括取込できる形式に整形してファイル出力する
3. 返品データは手作業で処理するため、例外としてファイル出力し保存する
4. 返品データがあれば、売上計上担当者に返品データをメール配信する

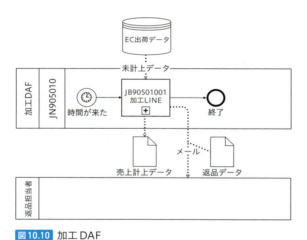

図10.10 加工DAF

● データ加工LINE

加工DAF内の「JB90501001 データ加工LINE」の設計も行います（図10.11）。各サイトの出荷データの違いは「JB905001　材料投入DAF」の時点で吸収されているため、全サイト共通処理を記述します。

返品データがあれば担当者にメールで送信し、EC出荷データ「tecsales」の計上日を更新します。計上日を更新すれば、次回からこの返品データは抽出されないようになります。

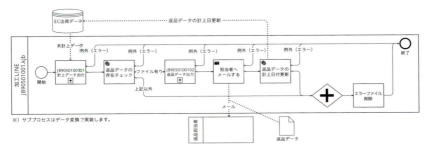

図10.11 データ加工LINE

10.5.4 出荷DAF

出荷DAFの設計は 図10.12 のようになります。

1. 販売管理システムにログインする
2. 計上データを読み込み、販売管理システムで売上一括登録する
3. 加工DAFで未計上データとして抽出されないよう、EC出荷データに対して計上日付に更新をかける。2の売上一括登録で失敗したら、計上日付は更新されない

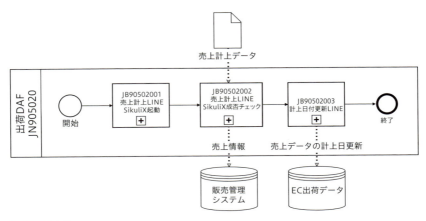

図10.12 出荷DAF

10.5.5　DAFチェーン設計

3つのDAFが順次動くように、DAFチェーンを形成します（ 図10.13 ）[※6]。

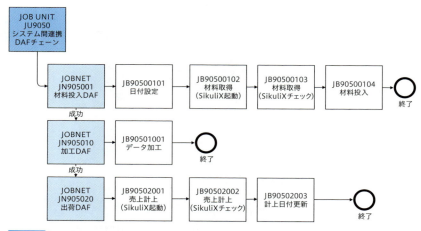

図10.13　DAFチェーン設計

※6　実際には各DAFの部分設計と全体設計を行き来しながら完成させていきます。開発中に変更することもあります。

10.6 開発

ここで扱う開発手法について説明します。なお、この節の開発は、今まで見てきた完全自動化の集大成です。

10.6.1 材料投入DAFの開発

● 日付設定LINE

Chapter6と同様に日付設定は別ファイルに持たせます。この日付ファイルを次のLINEでSikuliXが使います。

● 材料取得LINE

Chapter7のEC受注レポートの材料取得SikuliXプログラム「902001.sikuli」とそのサブプログラム「902001XX.sikuli」を複製して開発します。

サンプルプログラムを動かすと、デモアプリケーションが起動し、ログイン、メニュー操作ののち、図10.14の出荷レポートダウンロード画面に遷移します。

「JB905001 01 日付設定LINE」で作成した日付ファイルから日付を取得し、出荷日テキストボックスに自動入力したのち、CSVファイルを規定のフォルダに名前を付けて保存します。

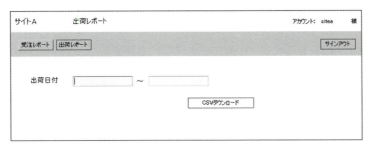

図10.14 デモアプリケーション　出荷レポートダウンロード

> **MEMO**
>
> **サンプルプログラム変更のポイント**
>
> 　サンプルプログラムは、EC管理画面で出荷データをダウンロードする前提になっていますが、実際には、ECサイト側では在庫を持たず、EC出店者側から商品を発送するケースもあります。
> 　この場合は、出荷データの取得元を自社倉庫や外部倉庫など、適切な場所に変更してください。

● 材料投入LINE

　図10.9 の設計図をPentaho「JB90500104.kjb」で実装します（図10.15）。EC出荷データのMySQL投入を行う前に、EC出荷データのCSVファイルが存在しているかどうかをチェックしています。存在していない場合は、担当者にメールを送信し、次のCSVファイルの存在チェックに進むロジックです。

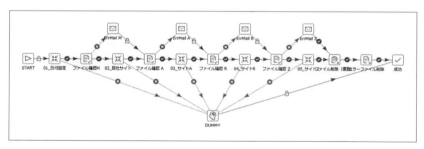

図10.15 材料投入LINE

　「JB9050010402　自社サイト出荷データ取込」（図10.16）と「JB9050010403　サイトA出荷データ取込」（図10.17）をそれぞれ見てみると加工内容に違いがあることがわかります。サイトAの出荷データには出荷日付がない仕様なので、「JB9050010401　日付取込」で「ActiveDate」テーブルに取り込んだ日付を結合しています。

　また、販売管理システムではECサイトを1つの店舗とみなして管理しているので、ECサイトごとに異なる店舗コードを付けています。

　このように、ECサイトによって違う出荷データの仕様を、このLINE内で吸収してしまい、MySQLのテーブルで一元管理します。

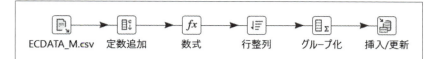

図10.16 自社サイト出荷データ取込

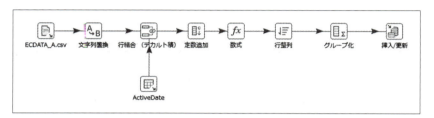

図10.17 サイトA出荷データ取込

10.6.2　加工DAFの開発

● データ加工LINE

図10.11 の設計図をPentaho「JB90501001.kjb」で実装します（**図10.18**）。

JB90501001.kjbの中の「01_計上データ」ステップから呼び出される「JB9050100101.ktr」では、EC出荷データが入っている「tecsales」テーブルから計上日付が入っていないデータを「未計上データ」とみなして抽出し、売上一括登録データ「JB905C100101.csv」を作成します。

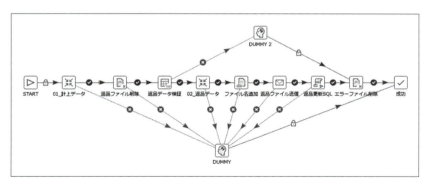

図10.18 加工LINE

図10.19 の「返品データ検証」ステップでは、返品データを取得するSQL文を実行し、その戻り件数が0件より大きいならば「返品データ有り」と判定するよ

うに設定します。

「返品データ有り」の場合、返品データ出力データ変換「JB9050100102.ktr」が実行され、売上返品データ「JB9050100102.csv」が出力されます。

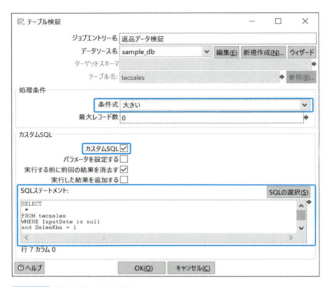

図10.19 返品データの検証

返品データをメール送信し終えたら、「SQLスクリプト実行」ステップを使い、EC出荷データが入っている「tecsales」テーブルの計上日付を更新します（図10.20）。これにより、次回の実行時には同じ返品データは抽出されないようになります。もう一度、返品データが抽出されるようにするには、計上日付に「Null」が入るようにSQL文を実行してください。詳しい手順は「サンプルプログラム変更のポイント.pdf」に記載しています。

図10.20 返品データ更新

> **MEMO**
>
> **サンプルプログラム変更のポイント**
>
> 4つのECサイトに共通した処理を行いたい場合は、加工DAFで行います。
>
> 例えば、「ECサイト独自の商品コードが混ざっていれば、販売管理システムの商品コードに変換する」という処理があるかもしれません。
>
> また、高級ブランド品や宝飾・貴金属の場合、1品ごとに番号を付けて管理する「個品管理」を行っている会社がほとんどです。
>
> このためECサイトには商品の種類を表す「商品コード（製品番号、品番などいろいろな名称で呼ばれる）」を登録しておき、売上計上する際に在庫データと照合して、「個品」を検索します。
>
> このような例外ケースはたくさんあるので、サンプルプログラムを修正して対応してください。

10.6.3　出荷DAFの開発

● 売上計上LINE

販売管理システムにログインして、売上計上を行うSikuliXを開発しましょう。「JB905020.sikuli」を設計図で示すと 図10.21 のようになります。

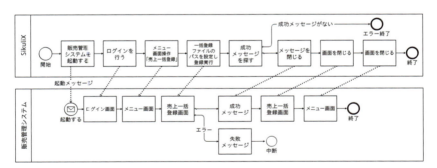

図10.21 売上計上SikuliXの処理

サンプルプログラムを動かすと、デモアプリケーションが立ち上がり、ログイン、メニュー操作を経て、図10.22 の画面が立ち上がります。「参照」がクリックされ、「ファイル選択」ダイアログから売上一括登録データ「JB9050100101.csv」が指定されます。「一括登録」がクリックされ、確認ダイアログを経て登録作業が完了します。

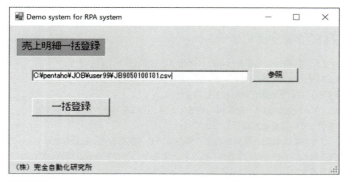

図10.22 デモアプリケーション 売上明細一括登録画面

● 計上日更新LINE

「JB90502003 計上日更新LINE」はSikuliXによる計上が成功したら実行されます。売上一括登録データ「JB9050100101.csv」をもとにして、EC出荷データが入っている「tecsales」テーブルの計上日付を更新します。これにより、次回の実行時にはこの計上データは抽出されないようになります。

10.6.4　Hinemos設定

3つのDAFをHinemosに登録しましょう（図10.23）。登録が終わったら、実際に「JU9050　システム間連携」を実行してください。

```
▲ システム間連携 (JU9050)
   ▲ 材料投入DAF (JN905001)
      ◎ 日付設定LINE (JB90500101)
      ◎ 材料取得（SikuliX起動LINE）(JB90500102)
      ◎ 材料取得（SikuliXチェックLINE）(JB90500103)
      ◎ 材料投入LINE (JB90500104)
   ▲ 加工DAF (JN905010)
      ◎ データ加工LINE (JB90501001)
   ▲ 出荷DAF (JN905020)
      ◎ 売上計上（SikuliX起動LINE）(JB90502001)
      ◎ 売上計上（SikuliXチェックLINE）(JB90502002)
      ◎ 計上日付更新LINE (JB90502003)
```

図10.23 Hinemosの設定

10.6.5　テスト・仮運用

　システム間連携のテスト・運用の難しい点は3つあります。自動化チームに力がついてきてからでないと、手掛けるのは難しい領域だと言えます。

1. 少なくとも2つの既存システムを使用するのため例外が発生しやすい。テストケースも多くなる
2. 現時点で担当者が実務を行っているため、完全自動化に切り替えるタイミングが難しい。月初にタイミングが合わなければ、さらに1ヶ月後になる
3. 本番環境に入力するわけにはいかないので、テスト環境を作ってもらうなど、システム管理者に協力を仰ぐ必要がある

10.7 運用

> ここで扱う運用手法について説明します。

　行っている業務自体は「システムAからシステムBまでのデータ移行」という単純なものですが、3つのDAFが集まると全体としては複雑な運用となってきます。

　もちろん、正常に動作している間は何もしなくてよいのですが、ECサイトのように他社のシステムが絡むとコントロールできない例外も発生しますので、リカバリの手順も様々なパターンが出てきます。

　マニュアルだけでは適切な運用が難しいため、DAF理論やRPAシステムについての知識を運用者や実務者が理解することが必要です。

> **COLUMN**
> ### 完全自動化の対象分野
>
> 　ここまで5つの実例を見てきました。これらの実例を「既存ITシステム改修の必要性」を縦軸、「改善効果の大きさ」を横軸とするマトリックスにプロットすると、「既存ITシステムを改修したほうがよいが、改善効果はシステム改修にかける費用ほど期待できない」領域Bに当てはまります（ 図10.24 ）。
>
> 　だからこそ、今でも手作業が残っているわけです。本書のRPAシステムはツールが無料なので、費用対効果のしばりが外れ、領域Bに手を伸ばすことができます。本当に苦労している現場を救うことができるのです。
>
> 　「ロボットに事務をさせよう」という「RPAツール」のコンセプトは領域Dに位置します。「既存ITシステムの改修も必要なく、しかも改善効果が大きい」領域Cは中小企業にはないか、あっても数案件でしょう。
>
> 　注意しなければならないのは、本当にシステム改修した方がいい領域（ 図10.24 のA）も完全自動化で補おうとしてしまうことです。「完全自動化のほうがシステム改修より安いから、いいだろう」という安直な考えだけで仕事をしてはいけません。
>
> 　また、経営者や上司が押しつけてきてもAの領域については明確に説明し、断ることが必要です。それが完全自動化の立ち位置を明確にし、仕事の質を高めますし、結果として会社のためになります。

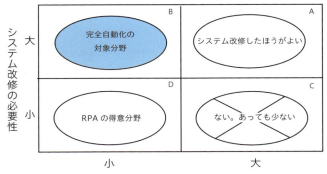

図10.24 完全自動化の対象分野

以下を参考としてください。

案件に手を出さない基準を持つ

1. 今後メンテナンスの可能性がない場合
完全自動化のメリットは運用しながら、変化に対応できる点です。今後もメンテナンスが必要ない完全自動化案件は「要件が固まっている」わけなので、システム化したほうがよいでしょう。

2. 過剰に責任を持たされる可能性がある場合
「会計が合わない」「請求が合わない」などの会社の根幹に関わる問題が発生し、その責任を問われる可能性がある場合は、責任を受けきれません。自動運転の自動車で「事故を起こした責任が自動車製造メーカにあるのか？」「乗車している人にあるのか？」という問題が解決していないのと同じです。

3. 頻度が高すぎる場合
「システム間連携をリアルタイムで行いたい」というような処理は、完全自動化には向きません。それは、API連携するなどシステム化を図るべきです。

4. 新規のシステム開発である場合
現在も、実務者が手でやりきれていない業務や仕様がまったく定まっていない業務をいきなり完全自動化しようとしてはいけません。それはRPAシステムを利用したフルスクラッチの新規システム開発です。

COLUMN

チームの成長

　筆者が1人で自動化を始めて約1年が立ち、自動化チームは筆者を含めると5人体制にまで増えました。それでもさばききれず、案件は列をなしている状態です。

　チームの取り組むテーマも完全自動化だけにとどまらず、「次期基幹システムの要件定義と自動化でカバーできる範囲の洗い出し」や「在庫適正化のための仕組み作りとその運用」「子会社の発注業務全体の自動化提案」など幅広いものになってきました。

　様々な案件に取り組む中で、ITに詳しくない業務メンバーも、業務に詳しくないプログラマーメンバーも共に「DAF理論」をベースとして、仕事を整理する頭ができてきました。

　筆者は自動化チームのメンバーにすべて任せ、「外から支援する時期に来た」と考えました。筆者が中にいたのでは、メンバーが頼ってしまい成長しなくなってしまうおそれがあったからです。

　筆者だけがわかっているという知識はなくし、すべて自動化チームに伝えるための教科書として作ったのが、本書のベースとなっています。

　その後、自動化チームは正式な部署となり、グループ企業を含めた改革の中核を担う組織となっています。

INDEX

A/B/C

ABCZ分析 278

Automation Anywhere Enterprise
.... 011

Autoブラウザ名人／Autoメール名人
.... 013

Aランク商品 262

Aランク商品特定ロジック 278

Aランク商品補充リスト用部品 274

BizRobo!／EasicRobo 010

Blue Prism 009

BPMN 034

Business Process Modeling
　　Notation 034

CentOS 109

D/E/F

DAF開発 041

DAF開発者 043

DAF設計 039

DAF設計者 043

DAFチェーン全体 030

DAFチェーンの設計 039

DAF理論 027

Data Automation Factory 027

doubleClick 063

EC受注レポート 242

EC受注レポート作成 252

ETL 051, 088

Excel帳票作成LINE 250

firewalld 133

G/H/I

GUIオートメーションツール 053

Hinemos 056, 229

Hinemos Agent 140

Hinemos Webクライアント 138

Hinemosジョブ管理 058

Hinemosマネージャ 131, 136

Hitachi Vantara ... 054

ID ... 183

ipaS ... 015

J/K/L

Java ... 059

JavaScript ... 055

Kofax Kapow ... 010

LINE開発 ... 223

M/N/O

myRobo.exe ... 160

MySQL ... 056, 075, 077

NICE APA（Advanced Process Automation）シリーズ ... 014

OpenCV ... 053

OpenJDK8 ... 134

OSS ... 051

P/Q/R

PDI ... 054

Pega Robotic Process Automation/Pega Robotic Desktop Automation/Pega Workforce Intelligence ... 014

Pentaho ... 054, 088

Pentaho Data Integration ... 054

Robo010.bat ... 163

Robo100.bat ... 168

Robo-Pat ... 016

Robotic Process Automation ... 004

RPA ... 004

RPAシステム ... 050, 051

RPAシステム運用管理 ... 199

RPAシステム自動実行設定 ... 196

RPA端末 ... 158

RPAツール ... 007, 009

S/T/U

SikuliX ... 016, 053, 060

SynchRoid ... 011

UiPath ... 012

V/W/X/Y/Z

VBS 179

VBScript 055

Verint Robotic Process
　Automation/Verint Process
　Assistant 012

VMware Player 107

WinActor/WinDirector 013

あ

アウトプット 028, 033

一元管理 051

インプット 028, 033

インフラ環境構築 218

インフラ技術 037

運用管理 042, 106

運用者 043

運用責任 042

運用方法 047

エージェント 058

エラーファイル削除 184

オープンソース・ソフトウェア 156

か

開発者のスキル 045

拡張性とコスト 038

加工 028

加工内容 033

画像認識 008

画像要素認識 008

仮運用 230

カレンダ設定 197

カレンダパターン 197

完全自動化 022, 027

簡単なロボット 063

管理対象ノード 058

基準在庫表 261

基礎データ作成 226

起動用バッチ 189

基本的なRPAシステム 181

ギャップ 025

旧BIシステム 211

共通バッチファイル 162

業務の完全自動化工場 027

業務の目的 033

業務フローの図式化 ... 036
業務フロー ... 238
業務名 ... 033
組立 ... 028
月初運用 ... 231
現在の作業工数 ... 033
現状把握 ... 033
工場 ... 027
項目間計算 ... 227
個別案件 ... 034
コマンドジョブ ... 182

さ

サーバー型 ... 007
サーバー型RPA ... 051
サービスレベル ... 048
在庫データ ... 271
材料投入LINE ... 270
材料投入 ... 028
材料投入LINE ... 221
作成タイミング ... 239
作成日出力 ... 227
座標指定 ... 008

サブスクリプション契約 ... 007
時間帯 ... 048
実行タイミング ... 033
自動化 ... 019
自動化サーバー ... 218
自動化フロー ... 216
自動発注システム ... 263
集計 ... 226
受注レポート ... 236
出荷 ... 028
ジョブ ... 153
ジョブ管理 ... 057
ジョブ管理ツール ... 148
ジョブネット ... 182
ジョブのスキップ ... 199
ジョブの保留 ... 200
ジョブユニット ... 182
資料を入手 ... 214
新BIサーバー ... 218
進捗管理 ... 045
成果物 ... 035
成果物イメージ ... 240, 263

生産性 025

製造ライン 030

設計の粒度 220

専用ツール 057

ソフトウェア 053

た

タスクスケジューラ 057

タスクマネージャ 007

チーム 042

チームの成長パターン 043

帳票作成 187

帳票作成LINE 228, 275

通知機能 200

定型業務 027

データ取得LINE 247, 269

データソース 215, 237

データソース分析 035

データベース 056, 075

デスクトップ型 007

デスクトップ型RPA 051

テストラン 041

店舗別在庫数 261

店舗別不足数一覧 261

統制 019

同曜日算出 222

な

日常運用 231

は

ハードウェア環境 155

パスワード 261

バックアップ・リカバリ 203

発注残数 261

ビジネスプロセス・モデリング表記法
.... 034

日付設定 173

日付設定LINE 221, 269

日付ファイル読み込み 185

日別売上取込 222

費用対効果 026

日予算取込 222

頻度 048

フォーマット 214

部署名 033

部品製造LINE 225, 272

部分自動化 022

ブラウザ 058

プロジェクト運用 045

文書作成 036

報告事項 046

ホワイトカラー業務 027

本格的なロボット 063

ま

前準備 064

マネージャサーバー 058

見える化 027

メール配信 173, 188

メール配信LINE 228, 252, 275

メンバー 043

や

要件定義 031

曜日 048

ら

リカバリ 048

リッチクライアント 058

リポジトリ 146

粒度分析 035

例外パターン 033

例外発生 018

ログインID 261

ロボ・オペレータ 015

ロボティック・プロセス・
　オートメーション 004

PROFILE 著者プロフィール

小佐井 宏之(こさい・ひろゆき)

福岡県出身。京都工芸繊維大学同大学院修士課程修了。まだPCが珍しかった中学の頃、プログラムを独習。みんなが自由で豊かに暮らす未来を確信していた。あれから30年。逆に多くの人がPCに時間を奪われている現状はナンセンスだと感じる。業務完全自動化の恩恵を多くの人に届け、無意味なPC作業から解放し日本を元気にしたい。
株式会社完全自動化研究所　代表取締役社長。
ホームページ：http://marukentokyo.jp/

●参考文献
・『ビジネスプロセスの教科書―アイデアを「実行力」に転換する方法』(山本 政樹 著、東洋経済新報社、2015)
・『販売管理システムで学ぶモデリング講座』(渡辺 幸三 著、翔泳社、2008)
・『BIシステム構築実践入門』(平井 明夫 著、翔泳社、2005)
・『ケースでわかるロジスティクス改革―業務プロセスと物流リソースの全体最適』(奥村雅彦 編著、日本経済新聞社、2004)
・『RPA総覧』(日経BP総研 イノベーションICT研究所 著、日経BP社、2018)
・『日経コンピュータ』(2017.11.23号、2018.3.29号、2018.6.21号、日経BP社)
・『Hinemos総合管理［実践］入門』(倉田 晃次、澤井 健、幸坂 大輔 著、技術評論社、2014)

装丁・本文デザイン	大下 賢一郎
装丁写真	iStock.com/OlgaSalt
DTP	株式会社シンクス
編集協力	佐藤弘文
検証協力	村上俊一

オープンソースで作る！ RPA（アールピーエー）システム開発入門
設計・開発から構築・運用まで

2018年12月19日　初版第1刷発行
2020年4月5日　初版第2刷発行

著　者	株式会社完全自動化研究所 小佐井宏之（こさい・ひろゆき）
発行人	佐々木幹夫
発行所	株式会社翔泳社（https://www.shoeisha.co.jp）
印刷・製本	株式会社ワコープラネット

©2018 Robotic Automation Lab,Inc. Hiroyuki Kosai

＊本書は著作権法上の保護を受けています。本書の一部または全部について（ソフトウェアおよびプログラムを含む）、
　株式会社翔泳社から文書による許諾を得ずに、いかなる方法においても無断で複写、複製することは禁じられています。
＊本書へのお問い合わせについては、ⅱページに記載の内容をお読みください。
＊落丁・乱丁はお取り替えいたします。 03-5362-3705までご連絡ください。

ISBN978-4-7981-5239-4
Printed in Japan